BOUTADES

D'UN

CHASSEUR

METZ. — IMP. M. ALCAN.

BOUTADES

D'UN

CHASSEUR

SOUVENIRS ET MÉLANGES

PAR M. L. DE CUREL

PARIS

LIBRAIRIE DE GARNIER FRÈRES

6, rue des Saints-Pères et Palais-Royal, 215

—

METZ

LIBRAIRIE DE M. ALCAN, IMPRIMEUR-ÉDITEUR

Rue de la Cathédrale, 1

—

1857

AVANT-PROPOS

> *Simplicior signis.....*
>
> Un maladroit... vient-il se jeter à travers nos lectures et nos méditations, l'importun, disons-nous, quel être stupide!
>
> HORACE. *Satires.*

On verra, par le sens même de cette épigraphe, que nous sommes loin d'être assuré du succès de notre entreprise. Toutefois nous croyons l'idée heureuse, et dans tous les cas elle répond aux désirs exprimés par plusieurs chasseurs de Paris et de la Province. Seulement, comme les articles cynégétiques qui ont paru jusqu'aujourd'hui, n'auraient pu fournir un volume, nous avons cru pouvoir faire usage d'autres articles du même auteur. Ces articles sont de notre choix, et nous

1

en acceptons la responsabilité entière. Ils sont pris parmi les plus étrangers à la politique qui, pendant plusieurs années, a été pour M. de Curel un champ de bataille où il ne s'est pas escrimé sans succès. Nous n'avons voulu rien changer, rien modifier, et nous avons laissée empreinte du cachet de l'époque, cette polémique violente quelquefois, ironique toujours. Les jeunes gens qui ne connaissent que les journaux graves et circonspects d'aujourd'hui seront bien surpris de voir avec quelle irrévérence on pouvait, en 1850, parler des dieux et des choses.

Nous repoussons de toutes nos forces l'idée d'une pensée malveillante qu'on voudrait attacher à cette publication rétrospective. M. de Curel nous autorise à déclarer que lui-même reconnaît une vivacité extrême dans la manière dont ses plaintes et griefs sont parfois exprimés. Le soin scrupuleux que nous prendrons d'enregistrer les dates, nous préservera, et c'est notre plus vif désir, de toute interprétation fâcheuse ou simplement maligne.

On n'est pas l'ami de tout le monde, et M. de Curel veut se précautionner, si possible est, contre les coups d'épingle de la critique. Il désire donc que nous disions en termes très-clairs qu'il n'attache pas la moindre valeur aux articles que nous recueillons ici et qu'il n'a jamais eu la pensée que, sans une extrême outrecuidance, on

pût en offrir une seconde édition au public...
c'est entendu ; à nous seuls donc incombent
l'idée, la façon et la responsabilité de ce volume,
M. de Curel n'est coupable que de complaisance.

Nous le répétons, nous n'avons pas la prétention de faire un livre neuf, bon ou mauvais, nous
demandons encore moins des éloges ou des applau-
dissements ; notre discours n'aura pas trois points,
nous ne procéderons ni par l'analyse ni par la
synthèse ; nous offrons simplement aux chasseurs
un Recueil d'articles de chasse qui peut leur être
utile ou agréable.

Cependant, comme en toute chose un peu d'ordre
ne peut nuire, nous tâcherons que les articles se
succèdent sans se heurter trop fort, et maintenant
que Dieu et saint Hubert protègent notre entreprise !

Les Editeurs.

N. B. *Les articles jusqu'à l'année 1846 inclu-
sivement, sont extraits de la* Gazette de Metz,
*ceux des années postérieures appartiennent à la
rédaction de l'*Indépendant de la Moselle.

BOUTADES

D'UN

CHASSEUR

SOUVENIRS ET MÉLANGES

OUVERTURE DE LA CHASSE.

22 Août 1855.

Les protecteurs exagérés de l'avoine d'une part, de l'autre ceux qui rêvent cailles et perdreaux toutes les nuits, à partir du 1er août, commencent à crier dans un but différent, il n'est pas besoin de le dire, que l'ouverture n'aura lieu que le 5, peut-être même que le 10. Ils ne songent pas, les uns et les autres, que, du moment où ils parlent, jusqu'au 1er septembre, il y a plus de temps qu'il n'en faut pour terminer la rentrée des récoltes là où elles ne sont pas encore rentrées. Ils ne songent pas que depuis 1830 jusqu'en 1844, l'ouverture a eu lieu à peine deux fois après le 1er septembre, plusieurs fois le 25 août et une fois le 15.

Mais ce n'est pas là la question, il ne s'agit plus de la moisson. Les auteurs de la loi du 3 mai 1844 ont reconnu que les dégâts commis par le chasseur dans les avoines encore sur pied se réduisaient à zéro, et qu'il pouvait dire comme l'âne de La Fontaine :

> La faim, l'occasion, l'herbe tendre, et je pense,
> Quelque diable aussi me poussant,
> Je tondis de ce pré la largeur de ma langue.

Aussi ces législateurs ne se sont-ils occupés que de la conservation du gibier ; si donc MM. les Préfets jugent que les animaux sont en état de se défendre, ils peuvent ouvrir la chasse quand bon leur semblera dans les terres dépouillées ; que si le chasseur passe dans un champ couvert d'avoine ou de navette d'hiver, il fera une mauvaise action et il sera responsable devant le maire, l'adjoint, le gendarme, le garde-champêtre et le messier.

Plusieurs raisons contribuent encore à empêcher que la chasse soit retardée sans motif grave : l'ouverture toujours prématurée des vacances, le départ des cailles sans lesquelles il n'y a plus à proprement parler de chasse en plaine, enfin le respect d'un plaisir payé fort cher par le chasseur, ce contribuable modèle à l'endroit des chiens, de la poudre, des permis, de la location domaniale et de la location municipale.

----

18 *Août* 1840.

Un arrêté du préfet de la Moselle fixe l'ouverture de la chasse en plaine au 10 septembre. Nous avons trouvé fort mauvais qu'en l'an de grâce 1830, l'ouverture ait eu lieu le jour de l'Assomption quand la moisson n'était pas terminée ; nous blâmons également l'arrêté qui la recule cette fois au 10 septembre, quand les céréales sont rentrées déjà ou le seront entièrement avant huit jours. La loi fixe en général l'ouverture de la chasse en plaine au 1er septembre, en autorisant les préfets à la proroger si les récoltes ne sont pas faites, mais elle ne les autorise pas à la suspendre quand les champs sont dépouillés. Cet arrêté semble pris contre les propriétaires qui s'y soumettront, et au profit des braconniers qui n'en tiendront compte.

L'année dernière il avait été question d'ajourner la chasse à cause de la session du conseil général ; en 1840, le retard non motivé dont il s'agit, ne serait-il pas une politesse au jury ?

----

20 *Août* 1840.

De nombreuses réclamations nous arrivent de toutes parts sur l'arrêté qui fixe l'ouverture de la chasse au 10 septembre seulement ; aussi nous assure-t-on que M. le Préfet, informé que toutes les récoltes seraient rentrées pour le 1er septembre au plus tard, a consenti à modifier sa décision, tout en la maintenant à l'égard des communes qui *pourraient* n'avoir pas terminé leur moisson. C'est justice, car les lièvres et perdreaux qui encombraient le dernier marché prouvent l'exactitude de notre observation : que le premier arrêté était pris au profit des braconniers, au préjudice des plaisirs des propriétaires et des *chasseurs réguliers*. En vérité, la propriété supporte des charges assez lourdes, et se trouve menacée d'assez d'autres par les éventualités de guerre, pour qu'il semble judicieux de lui épargner ces petites contrariétés inutiles.

A la suite de ces deux réclamations M. le baron D..... écrivit sur le même sujet au préfet de la Moselle : Voici la réponse curieuse de ce fonctionnaire.

Metz, le 21 août 1840.

« Monsieur et ancien collègue,

« Je ne saurais vous donner une meilleure preuve
» de l'attention que j'ai donnée à votre lettre qu'en y
» répondant sur le champ. Et d'abord comme je ne

» suis pas chasseur je conviendrai sans difficulté que
» j'ai consulté les habiles et que je les ai trouvés
» partagés sur la question. L'objection du bracon-
» nage m'a bien été faite, mais on y a répondu en
» disant que le gibier avait été tellement appauvri
» qu'il fallait lui donner le temps de se refaire, et
» comme ceux qui soutenaient cet avis m'ont paru
» l'appuyer par de meilleures raisons que leurs ad-
» versaires, je m'y suis rangé. Que, si l'on en tire
» cette conséquence que c'est là un acte de défé-
» rence pour le conseil général, je n'y verrais pas
» encore un bien grand inconvénient, et ce n'est pas
» vous qui pourriez m'en blâmer, vous ancien Préfet
» et ancien conseiller d'Etat. Je trouve d'ailleurs
» dans la lettre même que vous m'adressez une ré-
» ponse à faire à l'argument fort respectable d'ail-
» leurs, de l'espèce de prime donnée aux braconniers,
» car l'auteur de la lettre convient que les marchés
» sont déjà fort garnis de gibier. (J'avouerai même
» avoir mangé avant-hier des perdreaux chez le gé-
» néral S....). Il faut donc en conclure que, si tôt
» qu'on s'y prenne, on est toujours devancé par les
» braconniers. Je regrette bien, je vous jure, d'avoir
» ainsi dérangé les honnêtes chasseurs dont on parle,
» car c'était pour ceux-là même que je croyais avoir
» agi, mais malgré tout mon désir de leur complaire
» je ne puis revenir sur mon arrêté, et si le chas-
» seur le désire, l'ancien Préfet ne me le conseillerait

» pas. Prenons donc note de tout ceci pour l'an
» prochain, et d'ici-là nous en recauserons.

» Veuillez, Monsieur et ancien collègue, agréer etc.

« S. G.... »

(*Et nunc intelligite.*)

Les chasseurs font ordinairement assez mauvais
ménage avec la préfecture et l'administration des
forêts; les uns trouvent toujours qu'on ne protège
pas avec zèle et intelligence un plaisir fort dispen-
dieux; les autres craignent à leur tour de protéger
trop et d'encourir certains reproches; aussi trouvons-
nous des réclamations sans fin et à chaque page des
journaux; nous en insérerons quelques-unes au hasard quand l'occasion s'en présentera.

CONSERVATION DU GIBIER.

30 *décembre* 1837.

« .... *Nous regrettons que l'auteur*
» *n'ait pas consacré quelques pages à l'utilité*
» *qu'on peut tirer des menus produits des forêts.* »

(Compte-rendu du COURS DE CULTURE DES BOIS).

L'auteur de cet article veut sans doute parler du
gibier; nous sommes de son avis: le gibier fait partie
de la fortune publique, et sa conservation sera

l'objet d'un soin particulier pour tout gouvernement économe. Nous voudrions, que, pour le repeuplement et l'entretien des différentes espèces d'animaux sauvages et utiles, on fît en France quelque chose d'analogue aux règlements de l'Allemagne, eu égard, bien entendu, aux bases du droit public français. Mais il n'en sera rien : le gouvernement, depuis 1830, suit une marche constante ; il attire à lui et absorbe, par sa force centralisante, toutes les libertés publiques, et dans le même temps, pour fermer les yeux au peuple, il abandonne jusqu'au désordre et à la licence certains objets d'administration, de ceux qui touchent le moins directement au maintien de son pouvoir ; nous pourrions parler du théâtre, où il est permis d'outrager Dieu, l'église, le bon sens, l'histoire, la morale et la langue, pourvu qu'on ne dise mot de Louis-Philippe, de ses ministres et des députés du centre. Mais nous n'avons ici à nous occuper que de la chasse, eh bien ! n'est-il pas vrai que, depuis 1830, plusieurs espèces d'animaux sauvages s'éteignent et tendent à disparaître entièrement dans un avenir prochain ? N'est-il pas vrai que telles terres ou bois communaux, qui se louaient 300 fr. avant 1830, ne le sont plus aujourd'hui qu'à 10, 15, 20 au plus ? et à ce sujet on pourrait dire que le gouvernement est en banqueroute légale vis-à-vis des communes. Ces fâcheux résultats ont plusieurs causes : la location des forêts royales sans réserves et sans discernement ; la non-exécution des ordonnances sur la matière tout absurdes et inefficaces qu'elles sont ; les levriers et chiens levretés courant les campagnes sans billots au col ; les gardes-forestiers auxquels on tolère des chiens quelconques ; les filets de nuit qui ne sont point imposés ou plutôt défendus ; enfin, le port d'armes qui n'est pas d'un prix assez élevé. Nous savons les grands mots que l'on peut déclamer sur ce dernier article, mais sans nous jeter dans une discussion à ce sujet avec les faiseurs de popularité à tort et à travers, nous terminerons par cette réflexion d'un ancien préfet : *L'homme qui veut vivre du produit de son fusil, l'ouvrier qui abandonne un travail utile pour la chasse, a fait plus de la moitié du chemin qui le conduira à la prison ou à l'échafaud.*

LES PORCS A LA GLANDÉE.

6 *novembre* 1838.

Veuillez prendre note du petit tour de passe-passe que je vais vous signaler : c'est une peccadille auprès des énormités que vous connaissez, mais elle servira à prouver une fois de plus que notre gouvernement si beau, si superbe même, à l'endroit de la liberté, de l'économie, de la foi jurée, de la paix et de la guerre, est toujours un peu faible quand il s'agit d'opérations financières. Hélas ! c'est la malheureuse destinée des gouvernements et des individus de n'être pas parfaits. Or, voici le fait : l'administration forestière a adjugé à un prix élevé la chasse des bois de Remilly, et nonobstant elle vend ou concède cette année aux communes le droit de parcours pour leurs porcs dans ladite forêt. Ces deux autorisations sont évidemment incompatibles ; le gibier va fuir le voisinage de ces nouveaux hôtes criards et turbulents, et si, par aventure, un chien vient à tomber au milieu, il sera infailliblement dévoré, aucun animal d'Europe n'étant aussi féroce que le porc, surtout quand il est échauffé par la glandée : partant plus de chasse possible. En bonne conscience, il faut donc que l'administration retire la dernière concession ou qu'elle rende l'argent aux premiers adjudicataires.

VENTE DU GIBIER-PLUME.

6 *mars* 1845.

Plusieurs personnes de la ville et de la campagne nous prient de réclamer, par la voie des journaux, près de M. le préfet de la Moselle, une ordonnance contre la vente du gibier-plume. La chasse n'est plus ouverte que dans les forêts royales, et certes les adjudicataires ne sont pas de ceux qui vendent ou tuent des perdreaux dans le mois de mars. On peut donc prendre un tel arrêté sans blesser en rien la légalité, et d'ailleurs il y a urgence si l'on veut retrouver quelques perdrix pendant la saison prochaine. Nous pensons, nous, que la leçon de cette année désastreuse sera mise à profit et que MM. les conservateurs seront les premiers à demander que la vente des perdreaux soit prohibée le jour même de la clôture de la chasse en plaine.

SUR LE RÈGLEMENT QUI LIMITE LE NOMBRE DES CHASSEURS DANS LES BOIS COMMUNAUX.

21 Juillet 1852.

On commence à voir des lièvres et des perdreaux et tout promettrait aux chasseurs des vacances agréables, si le règlement, inventé par M. le conservateur des forêts et approuvé par M. le Préfet, n'était venu porter le trouble et le désordre dans toutes les sociétés cynégétiques. Indépendamment des fâcheux résultats que, dans un autre article, nous avons déjà énumérés et qui se réalisent déjà, il y en a un autre plus grave qui mérite d'être signalé ; on jugera peut-être à propos d'y porter remède en revenant au plus tôt à l'ancien ordre des choses.

Nous voulons parler de la dépréciation des chasses sous l'empire du règlement nouveau. Nous avons assisté à trois adjudications : la première a été de 40 fr. au lieu de 100 ; la seconde, de 17 fr. au lieu de 31 ; et la troisième de 11 fr. au lieu de 25. Cette décroissance de plus de moitié est bien naturelle ; en effet, quelle valeur peut avoir une chasse quotidienne, une chasse de famille dans laquelle on ne peut conduire ni deux enfants, ni deux amis à la fois ? Mais les communes seront peu touchées de la *belle* uniformité à laquelle ses tuteurs ont voulu arriver dans leur administration, si cette uniformité leur enlève le plus clair de leurs revenus.

Reportez-vous à l'année 1844, et voyez l'effet produit par la loi du 3 mai : toutes les locations faites à cette époque furent à un prix triple des années précédentes, mais aussi la loi était réellement conservatrice ; elle ne profitait pas aux braconniers, elle remédiait aux abus sans être tracassière, et les intéressés ne s'y sont pas trompés, pas plus qu'ils ne se trompent aujourd'hui. *Errare humanum, perseverare diabolicum*, est un vieil adage que les plus haut placés doivent savoir et méditer comme de simples mortels.

LOCATION DES CHASSES DE L'ÉTAT.

27 *avril* 1853.

On a paru craindre qu'à l'expiration des baux

existants aujourd'hui, l'Etat ne mit plus ses chasses en location. — Nous pouvons dissiper ces appréhensions. On s'occupe en ce moment même, au ministère, de la rédaction d'un nouveau cahier des charges pour la location en 1854. L'administration des forêts, jalouse de mettre un terme aux plaintes sans cesse renaissantes des adjudicataires, veut d'abord, en apportant certaines modifications aux anciens réglements, s'éclairer sur cette question délicate ; elle a consulté les hommes spéciaux, et des parties intéressées ont été appelées au sein de la commission.

Si l'on faisait aux adjudicataires des forêts domaniales de la Moselle l'honneur de les consulter, ils demanderaient à l'unanimité :

1° Que les prétendues traques à la bête fauve fussent supprimées d'une manière absolue après la clôture de la chasse : ce qu'on y tue le moins ce sont des loups et des sangliers, ce qu'on y tue le plus ce sont les chevreuils et les lièvres, malgré toute la surveillance des gardes, et ce qu'on y détruit en masse ce sont les jeunes animaux incapables de fuir encore. — Le braconnier adore les traques en temps défendu, il fait là sans danger ses remarques sur la tenue du gibier, et l'administration lui facilite, sans s'en douter, la réussite de sa coupable industrie.

2° Que le nombre des co-fermiers fût au moins doublé. Dans les grandes forêts il n'y a point de succès possible, à moins d'un hasard particulièrement heureux, si l'on n'est un nombre suffisant de chasseurs. Il n'y a pas eu *un seul* sanglier de tué dans la forêt de Briey, pendant l'année de chasse 1852-53 (1).

3° Que la chasse au bois en temps de neige ne fût interdite pour aucune espèce de gibier. Cette innovation est une des plus malheureuses parmi les plus malheureuses. Son application est d'une difficulté extrême, elle n'a pas protégé un lièvre, mais elle a enfanté des haines, des querelles, des procès sans fin.

4° Que la clôture de la chasse dans les forêts fût, comme par le passé, fixée au 15 mars. — On ne chasse qu'à de longs intervalles dans les forêts ; si l'hiver a été rude, hargneux, on ne chasse pas du tout, et les fermiers voisins portent plainte contre les sangliers ou plutôt contre les chasseurs. — D'autre part, quand les chasseurs loyaux ne chassent plus et que la chasse est possible encore, que le gibier peut être colporté, les braconniers redoublent d'ardeur et font leurs meilleurs coups.

5° Que les bois communaux ne soient pas soumis au cahier des charges des forêts domaniales et qu'on revienne aux anciens errements. — Restreindre le nombre des chasseurs dans de petits bois, c'est nuire, sans avantage pour le gibier, aux plaisirs de la fa-

______

(1) Il a été fait droit à cette réclamation en 1856.

mille ; c'est rendre impossibles les réunions d'amis dans lesquelles il est reconnu que le champagne est plus maltraité que les animaux. — De plus, et pour la raison ci-dessus, les chasses se louent moins bien, et l'on fait tort gratuitement à l'un des meilleurs revenus des communes.

TRAQUES DANS LES FORÊTS DE L'ÉTAT ; HOURAILLEMENTS.

16 *août* 1845.

Mon cher Rédacteur,

Vous étiez bien jeune pendant les premières années de la Restauration, cependant vous devez vous rappeler les furibondes déclamations du libéralisme contre les goûts cynégétiques du comte d'Artois et du duc de Berry ; c'était, s'il vous en souvient, un passe-temps féodal que celui de la chasse : des princes qui auraient songé le moins du monde aux malheureux manquant de pain ou aux devoirs de leur position, n'auraient ni nourri des chiens, ni entretenu d'équipages ; ils n'auraient pas couru quelques heures chaque semaine dans les forêts. Vous vous souvenez aussi que pour mieux faire ressortir ce tableau menteur, messieurs les intéréssés montraient les jeunes princes d'Orléans, et leur auguste père pleins d'un souverain mépris pour un délassement inhumain et refusant toujours (avec un éclat calculé)

les invitations de leurs trop bons parents, de façon
qu'après son avènement, Charles X devint Robin des
Bois, et que MM. d'Orléans furent déclarés par les
patriotes à la hauteur des plus magnifiques destinées.
Cette misérable comédie a fini en 1830 avec bien
d'autres. Les premiers jours de la révolution étaient
à peine écoulés, que chacun, mal à l'aise sous son
masque, s'est empressé de le déposer, et les libéraux,
princes ou épiciers, n'ont pas voulu avoir dit plus
vrai, même sur le mince sujet de la chasse, que sur le
fameux programme de l'Hôtel-de-Ville, sur l'ordre,
la liberté, l'honneur national, l'économie. Je ne veux
pas vous fatiguer en remettant sous vos yeux les
tentatives d'abord secrètes, puis hautement étalées
pour repeupler les forêts et créer une vénerie, j'arrive
tout de suite au sujet de ma lettre.

Le hasard a placé dans mes mains le *Chasseur
au chien courant*, par Elzear Blaze, 1838. Je lis
dans ce livre, page 291 : « En 1830, lorsque le roi
» de Naples vint à Paris, on fit une grande chasse
» dans la forêt de Compiègne. Quinze jours d'avance,
» des nuées de rabatteurs avaient dirigé le gibier
» vers le centre. Chaque soir des toiles étaient tendues
» pour l'empêcher de revenir sur ses pas... On finit
» par resserrer une grande masse d'animaux dans
» un espace de 200 arpents... Le roi tua pour sa
» part 72 pièces, dont 18 biches et 34 chevreuils ;
» le Dauphin tua 74 pièces, dont 15 biches et 43

» chevreuils. Tuer 43 chevreuils, 15 biches, 18
» biches dans un jour ! quelle infamie ! quelle ab-
» surdité !

» Quand on a sur la conscience un tel crime, on
» ne doit point se dire chasseur, on est un tueur de
» bêtes, etc., » et ainsi de suite pendant une page
entière.

Evidemment M. Elzear Blaze, un vieux de la vieille,
était encore, en écrivant ces lignes, sous l'influence
délétère des sornettes libérales en vogue sous la Restauration ; il ne veut tenir compte ni du trop grand
nombre d'animaux de la forêt de Compiègne, ni de
la précaution prise peu auparavant de panneauter
aux lieux où l'on devait traquer, ni de cette considération grave que la liste civile de la Restauration donnait
son gibier aux soldats et aux pauvres, et ne le *vendait*
jamais, ni enfin de l'état d'infirmité du roi de Naples
qui ne permettait d'autre chasse qu'un houraillement ;
mais passons.

J'ouvre le *Journal des Chasseurs* (avril 1845),
dont M. Elzear Blaze est un des principaux rédacteurs,
et je lis que « le relevé des pièces tuées par les
princes dans la forêt de Saint-Germain *seulement*
est, pour la saison 1844-45, de 1654 pièces, parmi
lesquelles figurent 65 chevreuils. » A Saint-Germain
seulement ! Jugez ce qui a dû se passer à Marly, à
Fontainebleau, à Compiègne, etc. J'ouvre le numéro
de Juin 1845, et je lis que « le 8 juin 1844, leurs

AA. RR. ont attaqué un cerf au pavillon d'Arènes, que les chiens ont été rompus sur des faons, qu'on a eu beaucoup de peine à leur soustraire... » D'où il résulte que la branche cadette chasse en mai et juin, ce que la branche aînée regardait, et ce que tous les vrais amateurs regardent, comme une monstruosité.

Je lis enfin dans le numéro de juillet 1845, à l'article : *Tiré princier aux étangs de St Quentin*, « le 8 juillet il a été tué 9 canards, 2 foulques et 50 mouettes ou hirondelles de mer. » Je ferai observer que la mouette et l'hirondelle de mer sont deux oiseaux inoffensifs, se nourrissant d'insectes, de lézards, de crapauds, et rebelles à toute préparation culinaire. Tuer des mouettes est aussi.... (M. Blaze mettra le mot) que de tuer des fauvettes ou des rossignols.

Je n'ai pour le moment d'autres numéros du *Journal des Chasseurs*, mais je sais pertinemment que dans les traques de MM. d'Orléans on n'épargne ni les cerfs, ni les daims. Si l'on fait grâce aux biches, ce que je suis bien loin de garantir, c'est qu'on n'a pas encore rempli suffisamment les vides causés par les saturnales cynégétiques de 1830.

Je ne prétends pas faire un crime au *Journal des Chasseurs* de se rendre l'écho fidèle des exploits princiers ; je saisis au contraire cette occasion de reconnaître l'urbanité et l'esprit de sa rédaction ; mais je demande comment M. El. Blaze, qui avait de si gros mots contre le bon Charles X, ne manifeste aucune indignation contre les houraillements des princes d'Orléans, contre leurs mouettes et leurs faons ?

Maintenant rappelez-vous la loi du 3 mai 1844, et concluons, mon cher Rédacteur, que dans les petites choses comme dans les grandes, le libéralisme a menti impudemment, et qu'il ne mettra jamais ses actions d'accord avec ses paroles. *Quod erat demonstrandum.*

Tout à vous.

RARETÉS ET CURIOSITÉS ORNITHOLOGIQUES.

28 Août 1845.

Les bécasses n'arrivent dans les parties basses de la Lorraine qu'à la fin de septembre, cependant plusieurs ont déjà été vues dans les bois de la plaine de Thionville. Voici un fait ornithologique plus curieux encore : une bande de 2 à 300 oies sauvages a évolué, il y a huit jours environ, au-dessus du village d'Hayange.

Ces excentricités animales ne sont peut-être pas sans corrélation avec les étonnantes variations atmosphériques de cette année.

On nous écrit aussi de divers points du département qu'on y a remarqué la semaine dernière l'apparition de nombreuses troupes de grues et de cigognes.

3 Novembre 1855.

Il a été tué ces jours-ci une gélinotte dans la forêt de Briey, et une autre dans les bois de Blettange. Jusqu'à présent ce rare et délicieux gibier n'était connu que dans le pays de Bitche et les environs de Dieuze.

A M. DE CUREL.

Metz, le 20 septembre 1852.

Monsieur,

J'ai l'honneur de vous remercier d'avoir bien voulu penser à notre musée : les deux perdrix (1) que vous nous avez envoyées sont arrivées à bon port ; la rouge est un très-vieux mâle que nous ne possédions pas, la blonde est très-rare dans le pays. Malheureusement elle est en mue et si maltraitée que je doute que le préparateur, malgré tout son talent, puisse la monter ; cependant je lui ai recommandé de faire tous ses efforts pour la conserver. M. Marchand (2) était le seul, je crois, qui en possédât un exemplaire lequel a été cédé à la ville.

Recevez Monsieur, je vous prie, l'assurance de mes sentiments distingués.

MALHERBE.

----

(1) Ces deux perdrix ont été tuées dans la plaine entre Chambley et Saint-Julien-lès-Gorze.

(2) Ancien maire de Metz.

AMOUR TU PERDIS TROYES !

Dans le courant de mars 1846, je fus distrait de ma promenade solitaire par un vacarme épouvantable causé par des pies réunies en grand nombre au sommet d'un groupe de peupliers. On disputait, on jurait, on bataillait, et vu l'époque de l'année et la douceur de la température, il devait être question d'accords et de fiançailles. — Dans l'air comme sur la terre, on n'offre pas son cœur et sa patte sans exciter la haine et la jalousie de ses rivaux : pour réussir il faut combattre et cueillir le laurier de la victoire. Je n'étais plus qu'à cinquante pas des arbres, quand deux pies s'élancèrent dans l'espace et se précipitèrent l'une sur l'autre avec un acharnement sans exemple : elles s'attaquaient avec le bec et les griffes, à la manière des jeunes coqs dans nos basses cours. Après plusieurs passes, une troisième rencontre eut lieu, et celle qui, avec beaucoup d'habileté, avait toujours conservé le dessus du vent, prit un ascendant marqué, et, poursuivant sans relâche son avantage, elle précipita son adversaire dans la boue du ruisseau voisin. Je volai à son secours, mais trop tard : le glorieux vainqueur reprenait déjà son vol vers les peupliers, pressé qu'il était d'étaler devant les dames de la réunion son bec et ses plumes ensanglantés, et d'entendre chanter son triomphe,

« Ne laissant dans mes bras qu'un corps défiguré....
» Triste objet, où des *pies* triomphe la colère,
» Et que méconnaîtrait l'œil même de la mère.

UN VIEUX DE LA VIEILLE.

Mai 1846.

Écoutez la merveilleuse action d'un petit oiseau. Derrière la plaque même du tir du Pâté, et dans la terre soutenue par l'encadrement en planches de cette plaque, un grimpereau a fait son nid. Rien ne l'émeut, rien ne l'étonne ; malgré le bruit, la fumée et les secousses violentes imprimées à son établissement, il vaque assidûment aux soins de son ménage. Il est touchant, je vous assure, de voir cet aimable oiseau glisser, sans sourciller, à travers les balles pour porter la becquée à ses petits. Cependant des étudiants (cet âge est sans pitié), avaient pris, ces jours passés, le vaillant grimpereau pour but de leurs coups inhabiles ; mais à ce jeu le hasard est grand, et un malheur est bientôt fait ; nous les conjurons donc de s'abstenir désormais et de respecter la faiblesse de notre jeune héros. Il faut honorer le courage partout où il se trouve, à plus forte raison chez une humble et timide créature.

DEUX VOYAGEURS PRÉCOCES.

1er Mars 1857.

Deux râles de genêt, râles de terre, rois des cailles (Rallus crex), ont été tués durant les derniers jours de février, dans le département de la Moselle. C'est là un fait ornithologique rare et curieux. Dans nos contrées méridionales on a rencontré des cailles pendant l'hiver, j'en ai vu moi-même en Touraine où il y a à la vérité des fourrés impénétrables et très-chauds d'ajoncs et de bruyères ; mais des râles, jamais. En Europe, c'est l'Irlande le pays le plus au nord où l'on ait constaté la présence de quelques râles à l'époque des grands froids. Des personnes ont pensé que les râles dont nous parlons avaient passé l'hiver dans le département, nous ne partageons pas leur opinion. Le râle appartient aux échassiers, il n'est pas pulvérateur comme la poule ou la perdrix, et quand la terre est durcie il ne pourrait trouver sa nourriture composée uniquement de graines et d'insectes ; de plus il ne *pique pas le vert* à la manière des perdrix et d'autres oiseaux. Il est plus probable selon nous que des râles trompés par la température anormale du mois de février se seront rapprochés des côtes d'Afrique et auront entrepris de gagner les Baléares, la Corse, ou toute autre île de la Méditerranée. Une tempête peut les avoir surpris et les avoir jetés dans le golfe de Lyon et de là dans l'intérieur des terres.

Serait-il absurde aussi de supposer que les râles tués il y a peu de jours, sont deux fugitifs échappés d'une volière ? Il est de notoriété que les râles ne paraissent en Lorraine que du 15 au 30 mai, ainsi

nous n'avons pas à examiner s'ils sont arrivés volon-
tairement chez nous à une époque aussi précoce que
le mois de février.

INSTINCT MATERNEL.

Juillet 1856.

Une perdrix avait fait son nid près de mon jardin ;
à cause du froid et des pluies incessantes, je n'es-
pérais pas que la couvée pût réussir ; pour cette raison j'y prenais le plus vif intérêt, et si j'avais osé je
lui aurais créé un abri ; mais ce que je n'ai pas fait,
la pauvre mère le faisait ; chaque fois qu'elle était
obligée de se reposer des fatigues de l'incubation
pour prendre un peu de nourriture, elle couvrait ses
œufs de paille et de feuilles ; tous les jours je l'ai
vue donner cette preuve d'intelligence et de tendresse.
Aujourd'hui la famille est venue à bien, elle court
les champs, et quand sonnera le 1er septembre, je
m'impose la loi de les épargner.

L'histoire naturelle offre peu de faits plus intéressants ; dans ma longue carrière de chasseur et d'observateur, je n'ai vu ni entendu rien de semblable.
En Europe, en Afrique, en Amérique, plusieurs espèces cachent leur nid ou leurs petits, mais pour les
soustraire aux yeux ennemis ; ici il y a plus, la perdrix dont il s'agit n'obéit pas à un instinct habituel,

elle réfléchit, elle comprend que la pluie peut compromettre la destinée de ses chères amours, elle prend des feuilles, les garantit et les conduit au port malgré la tempête. Décidément les perdrix sont aussi en progrès ; encore quelques années et nous reverrons sans doute les jours chantés par le bon La Fontaine, « du temps que les bêtes parlaient. »

LE COMTE DE BOURSIER DE BATHELÉMONT, LIEUTENANT DE LOUVETERIE, DESTITUÉ.

3 Janvier 1847.

Presque tous les chasseurs sont jaloux ; mais l'*épicier-chasseur* devient féroce et ne dort plus si son voisin, son co-associé, tue un lièvre de plus que lui. M. de B. habite près d'une petite ville et fait un noble usage de sa fortune : nommé lieutenant de louveterie, il a un très-bon équipage, au moyen duquel il chasse avec succès les loups et les sangliers quand il s'en montre dans le pays ; — il faut reconnaître que l'événement n'est pas commun et que le fauve est très-rare dans le voisinage de M. de B... Il entretient donc sa meute tout en forçant, de temps en temps, un malheureux lièvre d'après les principes de Du Fouilloux et de la Conterie. Eh bien ! c'est là ce que l'*épicier* ne lui pardonne pas et ne comprend pas. Qu'est-ce, je vous prie, qu'un amateur chassant à grand bruit au profit de ses chiens et méconnaissant le prix vénal d'un râble et d'un civet? Fi d'un tel prodigue !

Aussi les dénonciations commencèrent à pleuvoir contre le lieutenant de louveterie ; ses chiens, disait-on, n'étaient bons qu'à la destruction du lièvre, etc. L'administration des forêts a eu la faiblesse de prêter l'oreille à ces griefs ; elle a, comme cela lui arrive trop souvent, donné tort au chasseur loyal qui prend un lièvre par semaine, et donné gain de cause au chasseur indigne qui ne voit qu'une gibelotte dans ce même lièvre, et qui tuerait jusqu'au dernier s'il le pouvait.

Mais voici le piquant de l'histoire : les chiens, tombés dans la disgrâce des Eaux et Forêts et leur maître étant destitué, ont attaqué, à la fin de novembre, huit loups en huit jours, et cinq ont été tués successivement après quatre à cinq heures d'une chasse roulante. Le dernier, grand louvart, a été porté bas dans un ferme de détresse, après un débuché de 10 à 12 kilomètres.

Voilà, certes, des chiens qui auraient fait honneur à la meute du brave duc de Bourbon ; mais l'administration des forêts n'en sait pas davantage, et elle veut qu'on tue des loups même quand il n'y en a pas.

VARIÉTÉS.

FUSILS A PERCUSSION.

Avis aux chasseurs.

14 Mars 1852.

Il y a à Metz, garnison de corps spéciaux, écoles régimentaires, école d'application, école de pyrotechnie, 30 arquebusiers civils ou militaires et une foule de chasseurs qui ne sont pas absolument des automates, tuant des lièvres sans s'inquiéter du reste; il serait donc superflu et hors de propos de faire ici l'historique des armes à feu; bornons-nous à dire que le fusil à percussion d'aujourd'hui l'emporte autant sur le fusil à rouet de nos pères, que la voie ferrée sur le chemin de traverse, que le vaisseau à voile et à vapeur sur le canot du sauvage, que le télégraphe électrique l'emporte sur les signaux, et la stéréotypie d'Erhan et les procédés galvano-plastiques, sur l'imprimerie de Guttemberg et du citoyen d'Harlem.

Le fusil à percussion *et non à bascule*, s'il est permis d'assigner des bornes à l'esprit industriel, semble être le dernier terme de l'art, au point de vue de la justesse du tir, de la force de projection et de l'instantanéité de l'explosion. Mais sur quelques détails, ou secondaires ou importants, il laisse beaucoup à désirer; ainsi, la violente percussion que l'on recherche afin d'éviter la détestable vexation du raté, a pour résultat d'écraser la capsule et de cracher aux joues et aux mains du tireur des parcelles de cuivre qui les tatouent d'une manière fort désagréable ; quelquefois il n'en est pas quitte à si bon marché et il perd un œil, cela s'est vu. Un autre inconvénient d'une percussion violente et cependant nécessaire, c'est en refoulant les cheminées, de les rendre impropres au service ; c'est de briser les chiens ; c'est de désespérer le chasseur en introduisant dans la cheminée un de ces petits morceaux de capsule qui résistent à toutes les épingles et à toutes les malédictions.

Ces torts du fusil à percussion, quelques graves qu'ils soient, ne sont rien cependant, auprès de celui qui résulte de l'absence de sécurité. Que l'arme soit au cran de sûreté, que le chien soit au repos, que même la capsule ait été enlevée, n'importe, il y a danger de mort, danger permament contre lequel ne peuvent vous prémunir ni des soins extrêmes, ni une prudence excessive.

Depuis longtemps et toujours inutilement, le remède à ces griefs était à l'étude chez les armuriers et les mécaniciens : aujourd'hui un homme, qui n'est ni chasseur ni arquebusier, a résolu le problème, c'est M. Félix Fonteneau, propriétaire à Nantes. Son système est simple, ingénieux ; si simple que tout le monde en le voyant s'écrie : n'est-ce que cela, comment ne l'ai-je pas trouvé ! c'est encore l'histoire de l'œuf de Christophe Colomb.

M. Fonteneau fore la partie cylindrique du chien ; à la partie supérieure de l'ouverture il adapte une vis en acier dont la longueur est telle que, descendue au point le plus bas, elle laisse entre elle et la cheminée, l'épaisseur du cuivre d'une capsule ; la tête de la vis est rudement cannelée pour qu'on puisse la saisir avec facilité. Voilà tout, mais admirez les conséquences de ce léger dispositif.

La vis de précision transforme la percussion en simple pression, la capsule n'est plus écrasée et vous échappez tout d'abord au tatouage, aux yeux crevés, aux cheminées bouchées hermétiquement. Si vous faites faire un demi-tour à la vis, le fusil est désarmé et aussi dangereux à peu près que s'il n'était pas chargé ; vous bravez alors les branches d'arbres, les chutes et les milles choses imprévues qui défient la sagesse humaine ; si vous mettez la vis dans votre poche, le fusil équivaut à un manche à balai ; rentré chez vous, vous êtes à l'abri de la curiosité d'un domestique et de l'étourderie d'un enfant.

En cas d'émeute (s'il y a encore des émeutes), on pourra, en cinq minutes, rendre inoffensive la boutique d'un armurier, et la police applaudira.

Les comités d'artillerie pourront faire une économie annuelle importante sur les chiens et les cheminées cassés, sur la suppression du ridicule tampon, et l'artillerie applaudira.

Enfin, quelques femmes mariées et toutes les mères exalteront M. Fonteneau qui, moyennant une somme modique, a écarté un péril réel des jours précieux de l'objet de leur tendresse.

Quant à nous, que M. Fonteneau a bien voulu initier au dispositif de son très-ingénieux appareil, nous sommes tellement convaincu de son efficacité, que nous nous servirons d'un fusil où il aura été adapté, et que nous le recommandons avec une entière confiance aux armuriers, à nos amis et à nos concitoyens.

M. Fonteneau a reçu partout le plus chaleureux accueil et les témoignages les plus sympathiques. L'Académie des sciences, la Société nationale d'encouragement, plusieurs Académies de province, des Comités d'artillerie, le Président de la République, des ministres, des hommes qui font autorité dans les sciences, ont donné une approbation entière, absolue, au nouveau procédé. Nous avouons avec humilité, et à nos risques et périls, que malgré notre admiration pour l'habileté de cette conception, nous ne la croyons pas à l'abri de toute critique. Ainsi, bien qu'il n'y ait plus crachement de parcelles métalliques, il y a encore échappement de gaz, non seulement suivant l'axe du canon, ce qui est de toute nécessité, mais encore par les côtés, *ce qui, du reste, est sans inconvénient aucun.* D'autre part, la base du système est une vis, mais c'est toujours une vis que l'humidité peut rouiller, qu'un peu d'usage peut rendre trop mobile, et alors votre fusil se trouvera armé ou désarmé, sans que vous vous en doutiez. M. Fonteneau répond à cette attaque, en perçant la vis latéralement et en remplissant le vide par une goupille de bois trempée dans l'huile. Cette goupille est sans contredit fort spirituelle, mais détruit-elle complétement l'objection?

Quoi qu'il en soit, et pour terminer, nous dirons que si le procédé de M. Fonteneau n'est pas la perfection même, il en est bien voisin, que dans tous les cas il est de beaucoup supérieur à ce qui existe, que l'humanité et l'économie en recueilleront d'incalculables bénéfices, et que c'est un devoir pour tous de rendre publique une œuvre qui intéresse à un haut degré la sécurité des familles.

OBSERVATIONS SUR LES DÉFRICHEMENTS DE FORÊTS,

Par M. D'ARBOIS DE JUBAINVILLE, avocat à Nancy.

17 *Janvier* 1846.

Merveille! grande merveille en vérité! c'est un homme qui parle de ce qu'il sait, qui traite une question qu'il a étudiée à fond. Ceci en effet mérite d'être noté dans un temps où tant d'académies, de Sociétés savantes et de Comices donnent naissance, dans un français répudié par Vaugelas, à des discours prodigieux sur une foule de choses dont leurs auteurs ont à peine quelques notions. Honneur à M. d'Arbois qui, sans bruit, sans grandes phrases, et remarquez ceci, sans être d'aucune confrérie, vient de faire paraître un petit opuscule où il n'y a pas un mot à retrancher et peut-être pas dix à ajouter.

Messieurs les agents forestiers, en commençant par les conservateurs, trouveront dans cette brochure des notions dignes de toute leur attention et de leurs études ; les préfets y apprendront ce qu'ils paraissent ignorer, que c'est un crime de lèze-humanité de faire de la monnaie électorale avec les permis de défrichement ; enfin, les propriétaires grands et petits y liront la preuve sans réplique que beaucoup de ministres, d'administrateurs de forêts et d'ingénieurs des ponts et chaussées sont en conspiration permanente contre la prospérité de la propriété en général et de l'agriculture en particulier. Au temps de Colbert on regardait bonnement l'agriculture comme l'une des mamelles de l'Etat, les grands hommes de juillet ont changé cela, et toutes les faveurs du gouvernement sont aujourd'hui pour l'agiotage et les jeux de bourse où s'enrichissent rapidement corrupteurs et corrompus.

C'est le 31 décembre 1846 qu'expire la prorogation du régime établi par la loi du 19 avril 1803. La législature actuelle aura donc à résoudre la question des défrichements ; par conséquent, à leur valeur personnelle, les observations de M. d'Arbois de Jubainville joignent encore le mérite de l'opportunité.

L'auteur expose avec lucidité que toutes les servitudes ont disparu, que les seules entraves à la culture sont créées par le monopole du tabac, et qu'à côté de cette faculté pour chacun d'utiliser la propriété à tel ou tel usage, il est singulièrement arbitraire d'imposer *aux seuls propriétaires de forêts l'obligation, l'obligation éternelle d'élever du bois, le terrain fût-il susceptible de produire dix fois plus en y plantant autre chose. Quelle chose bizarre ! les légumes et le blé sont assurément des denrées de première nécessité. Eh bien ! qui songe à gêner le propriétaire qui change un potager en parterre, une terre arable en jardin anglais, en pièce d'eau, etc., etc.* (1).

L'arbitraire qui pèse sur les forêts une fois démontré, M. d'Arbois se demande quels motifs graves, impérieux ont pu déterminer cette dérogation à la loi commune. — Il y en a deux : la nécessité des

(1) Jusqu'à présent notre seul argument en faveur du défrichement était le droit commun, et nous ne cachons pas que, pour des raisons qui nous paraissent plausibles, nous inclinions vers la prohibition absolue.

La lecture attentive de la brochure de M. d'Arbois a modifié nos opinions, et nous acceptons comme légal et utile le droit de défricher sous certaines réserves.

forêts pour le chauffage ; les débordements des ri-
vières et la diminution des sources attribués au défrichements. L'auteur de la brochure examine la valeur de ces objections.

1.º Le chauffage.

« Près de la moitié des forêts existantes, dit M. d'Ar-
» bois, appartient à l'Etat et aux communes. La loi
» règle leur administration ; elle peut d'autant plus
» à son aise les conserver toutes à l'état forestier,
» qu'à cet égard l'Etat et les communes sont à la fois
» propriétaires et consommateurs, ainsi pas d'in-
» quiétudes possibles à cet égard. En second lieu,
» les trois quarts des forêts particulières sont insus-
» ceptibles de défrichement..... L'Etat a vendu de
» préférence les forêts que l'administration supposait
» les plus propres au défrichement : il les vendit
» avec faculté, de défrichement, et à cause de
» cette faculté il obtint une mieux-value d'un tiers.
» Cependant bien des acquéreurs, après avoir exa-
» miné attentivement leurs acquisitions, n'ont pas
» défriché. »

Aux 7,500,000 hectares de forêts il convient aussi
d'ajouter comme combustible végétal les haies du
Bas-Poitou, de la Bretagne et de l'Anjou, les prés-
bois de la Franche-Comté. Il convient encore de rappeler les ressources immenses des mines de houille.

*« Les diverses compagnies concessionnaires dans
le bassin de Saint-Etienne ne trouvant plus de*

débouchés pour leurs produits, ont été obligées de se coaliser pour réduire leur exploitation dans les limites de la consommation. »

« On a fait grand bruit, continue M. d'Arbois, du
» renchérissement du bois de chauffage…. ; mais il
» n'est considérable que dans les localités où l'ou-
» verture de nouveaux chemins, la construction ré-
» cente ou les développements d'une ou plusièurs
» usines ont donné un emploi à des bois qu'aupara-
» vant la consommation locale n'acceptait qu'à vil
» prix. Le bois de chauffage est actuellement moins
» cher à Paris qu'il ne l'était il y a vingt ans, et dans
» beaucoup de grands marchés la hausse est loin
» d'être proportionnelle à l'augmentation de la po-
» pulation…. A Nancy, depuis 1821, le stère de
» bois n'a pas augmenté d'un septième et une foule
» de choses sont renchéries dans une proportion su-
» périeure. »

2° Les sources et les débordements.

M. d'Arbois démontre que la déperdition des unes et la fréquence des autres ont une même cause, et que cette cause n'est pas dans les défrichements. Mais la place nous manque, et nous renvoyons à la brochure pour l'examen consciencieux de cette question épineuse.

Voilà donc deux choses bien établies ; les défenses de défrichement sont arbitraires, les dangers des défrichements sont imaginaires. Toutefois M. d'Arbois propose ou accepte une taxe de 200 fr. sur chaque hectare défriché. En cela nous ne pouvons être complètement de l'avis de l'estimable écrivain, sa proposition nous semble manquer de logique. Pourquoi faire payer l'usage d'un droit reconnu? La seule limite que nous admettions à la liberté pleine e entière de défrichement, c'est celle donnée par l'élévation plus ou moins grande des côtes. Mais nous ne doutons pas que l'idée d'une taxe ne sourit fort au gouvernement; un moyen de plus d'emplir ses coffres est une idée selon son cœur. Voyez comme le projet d'une taxe sur les chiens a fait de progrès; trente conseils généraux en ont demandé l'exécution. Les bonnes gens ne s'aperçoivent pas que c'est là une loi somptuaire, et qu'une fois la porte ouverte aux chiens, les chevaux, les voitures, les domestiques, l'argenterie tout y passera (1).

M. d'Arbois de Jubainville examine par quels motifs puissants on est entraîné à des défrichements

____

(1) Aujourd'hui, en 1856, notre sentiment n'a pas varié et nous croyons que l'impôt sur les chiens est le précurseur d'un impôt sur les chevaux de luxe, sur les domestiques mâles, sur les célibataires.

Nous reconnaissons cependant bien volontiers que l'impôt des chiens ayant pour but de diminuer le nombre des affreux et dangereux roquets qui inondent les campagnes, soit une mesure excellente. Déplorons donc que la loi ait été détournée de son objet et que l'impôt protège le roquet et frappe particulièrement les chiens de chasse, qui, mieux nourris, mieux soignés que les autres, sont moins sujets à la rage.

peu réfléchis ; ces motifs sont nombreux, ils méritent toute notre attention.

1° Les bois sont généralement surtaxés. Les propriétaires des forêts n'étant pas sur les lieux, les évaluations cadastrales ont été abandonnées à l'arbitraire. (*Annales forestières*, p. 252. Duval.)

2° Le propriétaire de bois paie un garde particulier et le garde champêtre de la commune qui lui est inutile. L'administration forestière défend *souvent* à ses agents la surveillance des bois de particuliers, par conséquent les gardes privés coûtent extrêmement cher pour être passables. — Les procès-verbaux des gardes de l'Etat font foi jusqu'à inscription de faux, cela est exorbitant ; *mais sans cette disposition*, dit M. de Martignac, *il n'y a pas de répression possible ;* eh bien ! les gardes des particuliers ne jouissent pas du même privilège. Qu'en résulte-t-il ?

« Un procès-verbal est dressé : selon le code fo-
» restier, il ne s'agit plus que de le remettre au
» procureur du roi ou au juge de paix pour qu'il
» soit poursuivi ; mais les instructions ministérielles
» défendent au procureur du roi et au juge de paix
» de poursuivre d'office ceux qui volent les bois des
» particuliers. Si donc le propriétaire ne veut pas
» laisser le maraudeur impuni, il faut qu'il paie un
» huissier, un avoué et tous les frais de timbre et
» d'enregistrement. Total, 72 fr. 85 cent. sans

» compter les démarches, les ports de lettres, les
» honoraires d'avoué, etc. »

Les forêts royales sont protégées avec raison contre certains dangers de maraudage, de construction d'usines. — L'administration forestière a refusé le bénéfice des mêmes prohibitions aux bois des particuliers. — L'administration d'une forêt exige des connaissances spéciales, et l'Ecole forestière ne permet pas à des externes de suivre ses cours. — Comme on voit, les charges sont aussi lourdes que ridicules, grâce au mauvais vouloir de l'administration des forêts.

L'auteur aborde ensuite la grande question du reboisement. Ses préceptes sont bons, intelligents, praticables; lorsque la législature de 1846 aura dit son mot sur les défrichements, nous rappellerons à nos lecteurs que l'honorable général de Chambray a fait un excellent livre sur la culture des conifères et l'art de créer des futaies d'arbres verts.

A propos de reboisement M. d'Arbois s'exprime ainsi :

« Les propriétaires sont appelés à planter le long
» des routes, mais comme si l'on craignait qu'ils ne
» le fissent, on a multiplié les entraves autour d'eux.
» Voulez-vous planter, vous vous adressez au préfet,
» le préfet renvoie la pétition à l'ingénieur en chef,
» qui, à l'ingénieur ordinaire, qui, au conducteur
» des ponts et chaussées, qui, au cantonnier chef, et
» chaque fois avec une apostille quelconque. Le chef

» cantonnier s'en occupe quand il s'avise et donne
» un renseignement, puis la pièce remonte d'échelon
» en échelon jusqu'au préfet, en se chargeant à
» chaque station d'une nouvelle apostille. Or, comme
» toutes les affaires se traitent dans une forme aussi
» expéditive, les agents des divers degrés en sont
» encombrés, de sorte que chaque pièce attend
» plus ou moins longtemps son tour dans chaque
» bureau. Enfin, le préfet prend un arrêté, non pas
» pour vous fixer l'emplacement de vos arbres, mais
» pour vous apprendre que vous les mettiez à tant
» de mètres de l'axe de la route et espacés à tant
» de mètres les uns des autres. N'est-ce pas là pour
» tous ces fonctionnaires grands et petits avoir bien
» employé leur encre et leur temps ? »

Faisons remarquer en passant et pour notre compte que l'administration des ponts et chaussées, composée d'hommes fort instruits en général, n'a pas beaucoup de succès comme corps savant ; ses travaux sont critiqués d'un bout de la France à l'autre, les petites routes de grande communication sont mieux entretenues que les routes royales ; le canal de Saint-Quentin, les désastres de Lyon, les millions dépensés à des ponts sans ouverture suffisante, à des endiguements inefficaces, sont là pour témoigner que cette administration travaille mal, chèrement et avec des idées préconçues, sans tenir compte jamais des localités et des évènements possibles. — Mais revenons à notre sujet, dans ce moment nous ne demandons à messieurs des ponts et chaussées que de remettre à l'administration des forêts la plantation des routes, car enfin n'y a pas de rapport entre la culture d'un charme, d'un frêne, d'un peuplier et des discussions oiseuses sur les jantes de roue. Le public n'y gagnera rien probablement, mais il ne faut pas que le peuple le plus *spirituel* de la terre soit toujours à couteau tiré avec la logique.

SOCIÉTÉ FORESTIÈRE.

9 *Août* 1854.

La société forestière, rue de la Chaussée-d'Antin, 20, à Paris) vient de faire paraître le compte-rendu des travaux et de la situation pour les années 1853-54.

Ce compte-rendu est très-remarquable. Les causes des souffrances de la propriété forestière y sont recherchées avec soin et énumérées ainsi qu'il suit :

1° Défaut de protection et de surveillance accordées aux bois par la police rurale et correctionnelle.

2° Charges exagérées et exceptionnelles par la répartition de l'impôt, par les tarifs d'octroi, des chemins de fer et des canaux, par les restrictions imposées aux forêts par le régime forestier.

3° Libre entrée des bois étrangers, la prohibition de l'exportation des bois et écorces.

4° Concurrence croissante du fer et de là houille.

Pour remédier à cette situation critique, la société invite tous les propriétaires de bois, tous les citoyens qui pensent que la houille n'est pas un fond inépuisable, tous ceux qui ne veulent pas que dans un avenir peu éloigné notre marine soit complètement à la merci de l'étranger, elle les invite à réunir leurs moyens et leurs efforts pour la défense des intérêts qui leur sont communs ; elle les prie de concourir avec elle pour provoquer des améliorations et des réformes devenues urgentes, mais au-dessus du travail d'une action individuelle. La société compte dès à présent, 500 membres, la cotisation annuelle est de 10 fr. seulement.

La commission permanente réunit dans son sein MM. le duc de Ranzan, Benoit d'Azy, comte de La Riboissière, E. Chevandier, Passy, comte de Montalembert, Becquet, conservateur des eaux et forêts, duc de Noailles, Brongniart de l'Institut, etc., etc. Il est impossible d'offrir plus de garantie, de probité, d'indépendance et de talent ; aussi cette commission a-t-elle déjà présenté des pétitions au Sénat et au ministre des finances ; elle a eu aussi une audience du ministre de la justice touchant la question des délits forestiers, une audience du préfet de la Seine sur les droits d'octroi, du ministre des finances sur le défrichement, et enfin une audience de l'Empereur sur la situation en général ; S. M. a bien voulu témoigner un vif intérêt à la propriété forestière et promettre son haut et bienveillant appui aux moyens que le gouvernement lui proposerait pour rendre aux forêts la valeur qu'elles ont malheureusement perdue.

On voit par cet exposé rapide ce que la commission a déjà fait et ce qu'elle doit faire encore, mais il lui faut le concours matériel et intellectuel de tous les citoyens qui songent à un lendemain pour la France ; à ce prix, la propriété forestière renaîtra et se replacera au premier rang des richesses du pays. Il n'y a de causes perdues que celles qui sont injustes ou qui s'abandonnent elles-mêmes.

LES PIGEONS.

9 *Août* 1845.

Par ordre les pigeons ont été enfermés une première fois pour les cultures de mars, une seconde pendant la récolte des navettes et des colzas ; ils le sont maintenant sous prétexte de moissons, et le 25 septembre ils seront de nouveau emprisonnés pour cause de semailles ; en tout cinq mois. A chaque clôture des colombiers, les deux tiers des couvées périssent ; beaucoup de vieux mâles et de femelles succombent à leur *douleur* ou au défaut d'air et de liberté. Quoique nous ne soyons plus en république, quoique le colombier soit moins que jamais un privilége, il serait mieux de dire franchement que les pigeons sont proscrits et encore une fois suspects d'aristocratie ; tous les propriétaires les tueraient, comme beaucoup ont fait déjà, et il n'en serait plus question.

Mais voyons le résultat de ce massacre général et donnons la parole à un homme qui devait être bien convaincu, puisqu'il s'adressait à la hideuse Convention dans un temps où il y avait à peine un pas entre l'échafaud et la défense de ce qui avait été jadis un privilége ; je n'ai pas sous la main le procès-verbal des séances, le nom du courageux orateur m'échappe, mais voici bien certainement le sens de son discours, j'ai toujours été frappé de ce luxe d'énergie pour un si mince sujet :

« Citoyens, *les pigeons ne sont pas ce qu'un vain peuple pense*, et je viens demander le rétablissement des colombiers, non au profit de quelques-uns, mais par mesure générale et *dans l'intérêt de tous*. Depuis que les champs ne sont plus semés à l'avance, depuis qu'une méthode plus rationnelle fait passer la herse immédiatement après le semeur, les pigeons, loin de nuire, sont utiles à l'agriculture ; ils ramassent les graines étrangères, les graines altérées, improductives, et que leur manque de poids fait rester à la surface des sillons. »

« Les pigeons sont une grande ressource dans les campagnes, ils offrent une nourriture saine et substantielle ; il y a plus de profit à acheter chez soi et pour 8 sols une paire de pigeons, que d'aller au loin payer 10 ou 11 sols une livre de viande douteuse, etc., etc.; en résumé celui qui mange des pigeons ou tout autre aliment, consomme d'autant moins de pain, je regarde donc comme un devoir envers le peuple d'augmenter toutes les sources de l'alimentation et de ne laisser perdre aucune de celles que la nature a mises à notre disposition. »

Cette opinion d'un conventionnel nous semble parfaitement exacte et raisonnable ; notre humble avis après le sien est qu'en séquestrant les pigeons huit jours à l'époque des semis des chanvres et huit jours lors de la maturité du colza, on aura fait tout ce que le bon sens et le respect de tous réclament.

<hr>

TOUR DE FORCE PRODIGIEUX.

Ces jours passés, le sieur L. J. d'Hagondange avait cru devoir corriger un cheval entier, qui, dans l'écurie, avait lancé une ruade. Le cheval en avait conservé du ressentiment ; le sieur J. s'en était aperçu et se tenait sur ses gardes ; mais le soir, ayant mené ses chevaux à la Moselle et s'étant relâché un instant de sa surveillance, le vindicatif animal le saisit par l'avant-bras gauche et le transporta au grand galop à plus de cent mètres sans le laisser toucher terre plus qu'une fois ou deux. La victime avait heureusement une chemise neuve de forte toile et un bandage au bras, ce qui a préservé les os d'être broyés, mais les dents sont horriblement empreintes dans les chairs. Voilà une sévère application de la loi Grammont ; cette loi deviendrait inutile si les animaux se protégeaient ainsi plus souvent eux-mêmes.

DES CHIENS.

50 *mai* 1852.

Les mesures de précautions prises contre les chiens sont infiniment trop prolongées. A force de vouloir nous garantir de quelques chiens plus ou moins enragés, on inocule bien certainement l'hydrophobie à tous ceux des malheureux animaux qui ont survécu au poison, au lacet, au tombereau fatal de M. Vatrin.

M. le maire est chasseur, et, je suppose, tant soit peu naturaliste ; il n'ignore donc pas combien le chien est impressionnable, irritable, il sait qu'il lui faut de l'air et de l'exercice, il sait que le chien courant déteste la laisse et ne supporte pas la muselière ; alors il doit comprendre l'impossibilité où il met la plus petite meute, je ne dirai pas de prendre ses ébats, mais même de respirer ; aussi le régime hygiénique prescrit par l'autorité, son système de séquestration forcée, sont-ils parfaitement inventés pour déterminer toutes les maladies, depuis la gale jusqu'à la nostalgie et la rage.

Pensez-vous que les étrangers venus à Metz pendant le mois de mai, ont eu des oreilles seulement pour les variations de Rode et des yeux pour les tours de M. Courtois. Non, en vérité, ils ont été bien autrement affectés par les grondements furieux, les gémissements plaintifs, les cris lamentables qui s'échappent de chaque rue, de chaque maison, de chaque étage. La prestidigitation et toutes les pantalonnades du petit cirque ont été sans charme auprès du spectacle grotesque, ridicule, de dames en falbalas, traînant derrière elles leurs Bichons, leurs Kings-Charle et autres Ouïstitis, pauvres petites bêtes enchaînées, muselées comme des lions ou des tigres, et, pour satisfaire à mille nécessités, forçant leurs belles maîtresses à s'arrêter près des bornes et à tous les coins de rue.

Nos voisins de Strasbourg me semblent plus raisonnables et méritent d'être imités. Dans la capitale de l'Alsace, chaque chien doit être porteur d'une plaque avec le nom et le domicile de son maître ; c'est l'édilité qui distribue cette plaque et en fait, je crois, un assez bon revenu municipal. Par ce moyen, on sait tout d'abord à quoi s'en tenir. Un chien, porteur d'une plaque, est un voyageur dont les papiers sont en règle, il a droit quelque part au feu, à la chandelle, à l'écurie ; celui qui ne s'est pas conformé à l'ordonnance du maire est un vagabond sur lequel tous les yeux de la police sont ouverts. Pendant les canicules, ou bien si quelqu'accident a eu lieu , les citoyens sont invités à redoubler de précautions et à renfermer leurs bêtes pendant huit jours au plus, et tout est dit. Voilà dix ans qu'à Strasbourg il n'y a pas eu d'enragés... parmi les chiens (1).

ENCORE LES CHIENS.

24 Juillet 1852.

M. le Ministre de la police, dans une récente circulaire, prescrit avec une louable sollicitude, des mesures de précautions contre les chiens enragés. Il ordonne d'user avec une réserve extrême des boulettes empoisonnées, dont l'emploi est dangereux, excepté, dit-il, dans les grandes villes. Nous osons á ce sujet, être d'un avis entièrement opposé à celui de M. de Maupas; suivant nous, l'emploi des boulettes est toujours absurde et dangereux, mais plus dans les grandes villes que partout ailleurs. Pour le comprendre, il suffit de penser aux infortunés qui vivent des débris de légumes ramassés sur les tas d'ordure. Ne peuvent-ils pas, par un malheureux hasard, intro-

(1) Nous apprenons qu'un puritain de la légalité a dénoncé au Ministre cette excellente mesure, comme un impôt déguisé; provisoirement elle est suspendue.

duire dans leur soupe, et se dissimulant dans une feuille
de choux, de l'acétate de morphine, de la poudre
de colchique, ou de la strychnos nux vomica, comme
disent MM. les apothicaires ? Il faut songer aussi aux
enfants qui jouent avec tout ce qu'ils trouvent, et
aux troupeaux qui passent à travers les rues.

Embusqué derrière l'ordonnance du ministre, M.
le maire de Metz, vient d'ouvrir une nouvelle campagne contre les malheureux chiens.

Propriétaires, fonctionnaires, employés de bureau,
épiciers, je vous le dis, soyez sur vos gardes, tous
les tas d'ordures sont empoisonnés ; si pour vaquer
à vos occupations, vous perdez de vue pendant une
minute votre fidèle ami, vous êtes menacé la veille
de l'ouverture de la chasse, d'être privés du chien que
vous estimez 300 fr., de l'excellent épagneul qui devait vous délasser de votre travail de 10 mois, et
vous faire oublier un instant vos soins et vos peines.

En fait, c'est bien mal, M. le Maire, et il est permis de douter que vous ayez jamais appartenu par le
cœur à la franc-maçonnerie des enfants de St-Hubert.
Mais si vous ne vous laissez pas toucher par les
plaintes des chasseurs, au moins ne restez pas insensible aux doléances de cette jeune femme pour
son bichon chéri, aux gémissements de cette douai-
rière pour son azor adoré. Avec vos arrêtés acerbes
vous contraignez ces pauvres dames à porter dans
leurs faibles bras et par une chaleur tropicale, des

animaux plus ou moins lourds et plus ou moins velus.

Nous persistons à croire que M. le Maire s'épargnerait et nous épargnerait une barbarie oppressive et inutile, s'il ordonnait que tous les chiens fussent porteurs d'un collier avec le nom et la demeure de leurs maîtres. Les chiens rencontrés sans collier seraient assommés, étranglés impitoyablement comme des vagabonds désavoués par leur patron ; ceux qui, bien que munis du collier obligé, vagueraient sans guide dans les rues, seraient mis en fourrière moyennant 1 fr. 50 ou 2 fr. par jour, sans préjudice d'une amende de 10 fr., laquelle servirait à payer le service extraordinaire des agents préposés à la chasse aux chiens.

Nous ne donnons pas ce procédé comme infaillible et pouvant parer à toutes les éventualités, mais il peut servir de base à un réglement administratif plus humain, moins vexatoire, moins sauvage que ce qui existe. Dans tous les cas, à bas le poison ! à bas le poison !

JOUY-AUX-ARCHES.

11 *Septembre* 1845.

Au rédacteur de la *Gazette de Metz.*

Mon cher rédacteur,

J'arrive de Jouy-aux-Arches, et j'arrive stupéfié.

abasourdi : d'impitoyables badigeonneurs continuent l'œuvre de *réparation* entreprise contre l'aqueduc romain. Nous avions espéré qu'après le départ de M. S..., la pensée barbare serait abandonnée ; hélas ! son successeur, ami des beaux-arts pourtant, n'a pas su faire respecter nos vieilles ruines... On dit même, chose incroyable, que M. G......, que nous croyions antiquaire émérite, collectionneur de goût et savant archéologue a encouragé cette restauration plus fatale que le vandalisme.

Bientôt tout aura disparu sous la truelle et la brosse des gâcheurs. Hâtez-vous donc, cher rédacteur, il en est à peine temps encore, d'aller jeter un long et dernier regard sur ces monuments vénérables, sur les témoins d'un génie et d'une puissance immortels ; hâtez-vous avant que les mousses, les lichens, les pariétaires, enfants des siècles, aient disparu, et avant que ces nobles arches renduites, crépites, blanchies à la chaux parlent à l'âme avec l'éloquence d'un mur de potager.

La révolution toujours *grande* et *généreuse*, est quelquefois sanglante ; alors elle démolit les églises, elle brise les tombeaux, mutile les statues, brûle les livres et les vieilles chartes ; quelquefois aussi elle se pare, elle met des gants et devient artiste ; oh ! alors elle est encore plus dangereuse ; elle aligne les rues, elle creuse des canaux où s'enfouissent plus de millions que de gouttes d'eau, elle commande de la peinture au mètre et pour comble elle badigeonne les ruines romaines et les monuments druidiques.

Pour mon compte, sous ce point de vue, je préfère la révolution en carmagnole et bonnet rouge ; le marteau parvient rarement à tout briser, tandis que la brosse pacifique du blanchisseur pénètre partout. — Imaginez qu'il plaise un jour à la petite révolution d'envoyer un préfet ami des beaux-arts dans le département du Gard, et voyez d'ici le triple pont, la maison carrée, les arènes *remis à neuf*. Voilons-nous la face, cher rédacteur, en déplorant de telles profanations.

Réponse du *Courrier de la Moselle* (1).

15 *Septembre* 1845.

La *Gazette de Metz* a attaqué dans son dernier numéro, la restauration des arches de Jouy avec une aigreur qui, pour être justifiée, aurait besoin, peut-être d'être appuyée de quelques preuves, ou tout au moins d'un système de réparation plus artistique ou plus efficace. Mais les archéologues de la *Gazette* de Lorraine ont jugé à propos de ne pas nous dire ce qu'ils auraient conseillé de faire s'ils eussent été

(1) Dans le temps, ces réponses furent attribuées à M. le Préfet G..... nous n'affirmons rien.

exclusivemement chargés de surveiller cette restauration : leur silence est fâcheux puisqu'il s'agit de la
conservation d'un monument historique ; et, sur ce
sujet, nous aurions dû attendre de leur dévouement
désintéressé pour la science, des observations moins
tardives ou plus explicites.

Mais les archéologues de la *Gazette* n'ont rien dit.
L'Académie de Metz, qui compte aussi bon nombre
d'archéologues et des constructeurs qui savent comment on bâtit et comment on restaure, le conseil général et les premiers administrateurs de la Moselle,
l'inspecteur des monuments historiques du département, l'inspecteur des monuments historiques en
France, ont successivement vu et approuvé les travaux proposés et exécutés : que tout ce monde se
soit trompé, nous le voulons bien, mais qu'on nous
dise en quoi il s'est trompé. Or, il nous semble que
les travaux exécutés ont bien certainement consolidé
les arches de Jouy, et rendu à l'aqueduc romain
son caractère primitif : il y a là déjà un immense résultat obtenu, et au point de vue de l'art et à celui
de la sécurité publique. Le temps, il est vrai, n'a
point encore bruni le ciment des constructions nouvelles, et peut-être serait-on parvenu à donner à l'ensemble de l'édifice une teinte d'antiquité uniforme,
mais passagère, par l'emploi d'un badigeon, mais
nous n'en avons pas proposé l'emploi ; mais que les
archéologues de la *Gazette* disent ce qu'il fallait faire.

Il reste encore beaucoup à restaurer aux arches d
Jouy, que ces messieurs de la *Gazette* veuille
bien nous dire quels moyens employer, pour em
pêcher l'infiltration des eaux à travers les masse
de maçonnerie, pour arrêter l'éboulement des voûte
et du revêtement des faces, pour empêcher en u
mot, que dans quelques années il ne reste plus de
imposants portiques de Jouy que des piles découron
nées, pareilles à celles qui tombent si rapidement su
la rive gauche de la Moselle?

Cette explication serait un bienfait, elle éclairerai
la préfecture, etc, etc.

---

27 *Septembre* 18.5.

Au rédacteur de la *Gazette de Metz*.

Mon cher rédacteur,

Je ne lis pas d'habitude le *Courrier de la Moselle*,
c'est un plaisir dont ma petite fortune m'oblige de
me priver ; je le reçois dans mon pays perdu quand
par aventure il contient un article personnellement
intéressant. Cela vous explique pourquoi je viens de
lire seulement aujourd'hui 27 le numéro du 13
septembre.

Ce numéro du 13 septembre contient les lignes
suivantes :

« L'académie royale de Metz, qui compte aussi
parmi ses membres des archéologues, et des cons-

tructeurs qui savent comment on bâtit et comment on restaure, — le conseil général et les premiers administrateurs de la Moselle, — l'inspecteur des monumens historiques du département et l'inspecteur-général des monumens de France, ont successivement vu et approuvé les travaux proposés et exécutés pour la réparation des arches de Jouy. »

Il paraît que sans le savoir et surtout sans le vouloir, j'ai blessé toutes ces susceptibilités artistiques en me récriant contre le vandalisme réparateur de l'aqueduc romain. Soyez assuré que si j'avais connu l'approbation donnée par tant d'illustrations à la restauration des arches, j'aurais pleuré sur le badigeon, mais je me serais tû. — Le *Courrier* qui est un peu de l'académie de Metz, un peu du conseil général, un peu constructeur, *sachant comment on bâtit*, a pris fait et cause pour ses amis, et du haut de toutes les positions qu'il occupe, il ne cesse de répéter : *Les archéologues de la Gazette de Metz*, d'un ton qui ne sent pas mal le persifflage. Le *Courrier* a bien raison, nous sommes de très-petits archéologues et même nous ne le sommes pas du tout, grâces à Dieu ! Je dis grâces à Dieu, car si les demi-connaissances dans les arts sont encore un mérite recommandable, elles ont souvent le tort de détruire le goût naturel et l'instinct des belles choses. Ainsi donc ce n'est pas comme archéologue que j'ai émis une opinion sur les travaux de Jouy, mais c'est parce que j'ai beaucoup lu, beaucoup voyagé et parce que j'ai un sentiment très-vif pour les beautés de l'art et de la nature. Je crois que cela n'est pas *défendu*, bien qu'on ne soit pas de l'académie de Metz.

Le *Courrier* demande aux *archéologues* de la *Gazette* les moyens qu'ils emploieraient pour conserver les arches de Jouy. Ce moyen est bien simple, il est à la portée de tous les hommes de goût; les *archéologues* de la *Gazette* n'en font pas mystère: ils garantiraient la sécurité de la route de Nancy sous l'arche principale et ils laisseraient mourir les autres de leur belle mort. Cela va paraître absurde, monstrueux aux savans du *Courrier*, la raison en est claire cependant: la question d'art dans le monument dont il s'agit était dans la conduite des eaux, les arches restées debout sont tout bonnement un chef-d'œuvre de maçonnerie, qui atteste le soin des Romains dans leurs construction et l'importance qu'ils accordaient à la cité de Metz; mais si vous substituez votre maçonnerie à celle des Romains, vous détruisez les souvenirs qui errent autour de ces ruines magnifiques; au lieu de songer à la puissance immortelle du peuple-roi, vous dépoétisez mes impressions et je me prends à rêver chaux, sable, briques, ciment.

Que le *Courrier* interroge les hommes de goût de Metz, ceux qui n'ont aucune prétention à la science, et nous passerons condamnation s'il s'en trouve un seul, un seul, qui ne dise pas avec nous : A bas le badigeon !

Tout à vous.

———

Réponse du *Courrier.*

4 Octobre 1845.

L'archéologue de la *Gazette de Metz* a repris dernièrement la plume sur, ou plutôt contre, la restauration des arches de Jouy. En réponse à des critiques un peu acerbes, nous lui avions demandé humblement ce qu'il aurait fait s'il eût été chargé de cette restauration, et il nous répond, de son *pays perdu* :

« Le *Courrier* demande aux archéologues de la *Gazette* les moyens qu'ils emploieraient pour *conserver* les arches de Jouy ? Ce moyen est bien simple, il est à la portée de tous les hommes de goût ; les archéologues de la *Gazette* n'en font pas mystère : ils garantiraient la sécurité de la route principale, et *ils laisseraient mourir les autres de leur belle mort....* »

Ce moyen de *conserver* est simple, en effet : il consiste tout bonnement à laisser tomber les dix-neuf vingtièmes d'un monument et à consolider le reste. Mon Dieu ! si la *Gazette* le veut, nous ne disputerons pas sur la quantité ; mais la question reste la même. Soit, en effet, qu'on veuille conserver une douzaine d'arches, soit qu'on tienne à n'en laisser debout qu'une seule, ce qui est sans doute beaucoup plus artistique, il faut toujours en venir à consolider une partie du monument. Or, nous redemandons à l'archéologue de la *Gazette*, — car il n'a pas répondu un mot à la question, — quels moyens, autres que ceux employés, il eût cru devoir adopter pour parvenir à cette *consolidation* ?

Il est heureux, sans doute, d'être doué « d'un sentiment très-vif pour les beautés de l'art et de la nature » ; mais pour *consolider* une bâtisse en ruines, ne serait-ce qu'une arche d'aqueduc, il faut autre chose que du sentiment. Nous persistons donc à croire que le correspondant de la *Gazette*, s'il eût été chargé de la mission, en eût été réduit, « à dépoétiser ses impressions » et à employer bien réellement « la chaux, le sable, les briques et le ciment » qui l'obsèdent tant dans ses rêves.

Or, les conservateurs des arches de Jouy n'ont pas fait autre chose ; ils se sont surtout bien gardés du badigeon contre lequel le correspondant de la *Gazette* s'élève avec une véhémence pleine de bon goût : pourquoi donc cette violente sortie contre la restauration de l'aqueduc romain de Jouy ?

7 Octobre 1845.

Au Rédacteur de la *Gazette de Metz*.

> Quelques archéologues sont un peu lourds
> encore, quelques-uns ont surtout oublié d'ap-
> prendre à lire....
>
> (*Nouvelle des Sciences*, 5e série, p. 453).

Mon cher Rédacteur,

Le *Courrier* persiste à louanger l'horrible profa-
nation faite aux arches de Jouy, mais ses motifs
sont très-faibles et dénotent la méchanceté de la cause
qu'il soutient. On pourrait dire au *Courrier :* « Vous
êtes orfèvre, M. Josse. » Un coupable seul, peut en
effet entreprendre la justification de l'abomination
dont il s'agit. Que le *Courrier* aille en Prusse, en
Bavière, dans le midi de la France, et il apprendra
dans ces pays comment une saine archéologie conserve, restaure ou abandonne au besoin les ruines de
la civilisation païenne et les restes du moyen-âge.
Une manie de notre époque est de faire de vieilles
ruines avec des constructions nouvelles, on n'accu-
sera pas le *Courrier* d'encourager cet égarement de
l'esprit ; il fait, lui, du neuf avec du vieux, reste à
savoir si l'un est plus intelligent que l'autre.

Le *Courrier* feint de se méprendre sur mes raisons de garantir la sécurité de la route de Nancy ; je
l'avoue cependant en toute humilité, mon amour de

l'art ne va pas jusqu'au fanatisme, et je ne tiens pas à ce qu'on assomme les passants par respect pour les Romains. Consolider et non *restaurer* une arche par un rapièccement, ou des liens, ou des étançons, peu importe ; il y a loin de là, je pense, à réparer tout le monument et à donner à ce vénérable vieillard un air de jeunesse coquette parfaitement ridicule.

Le *Courrier* trouve bien simple (je suppose que *simple* doit se prendre dans toutes ses acceptions), mon moyen ou plutôt mon désir artistique de laisser s'écrouler les arches. Le procédé est simple en effet dans son application, mais il n'était pas si simple à découvrir que le journal paraît le croire. De fait, voilà deux préfets ayant des prétentions à la science, les archéologues du *Courrier*, certains archéologues de l'Académie de Metz, du conseil général de la Moselle, les premiers administrateurs du département et une foule d'inspecteurs des monuments historiques, qui n'ont pas eu l'idée de mon idée. D'autre part, si on demande leur avis aux maçons du département, qui sont aussi fort habiles généralement, je suis assuré que tous voteront pour le replâtrage. Mais tant de témoignages hostiles prouvent-ils que mon désir soit absurde ? je ne le crois pas, malgré ma profonde déférence pour les lumières des maçons, de l'Académie et des hommes en place.

J'ai pris le ciel à témoin que je n'étais pas archéologue, cependant le *Courrier* persiste à me qualifier ainsi. Si c'est un essai d'épigramme, je l'accepte avec joie, si c'est un éloge je le dénie, me sentant tout à fait indigne des savants qui ont consenti ou ordonné la *conservation* des arches de Jouy.

Tout à vous.

———

Réponse du *Courrier*.

9 Octobre 1845.

L'archéologue de la *Gazette de Metz* paraît tenir à éterniser sa polémique contre la restauration des arches de Jouy. Nous savons bien qu'il n'aurait *consolidé* qu'une seule arche, et qu'il aurait laissé mourir les autres de leur belle mort : cela est entendu. Mais nous lui avons demandé par quels moyens il aurait consolidé cette arche de prédilection, et il ne nous a pas répondu. Or, nous répétons qu'il n'aurait pu raisonnablement faire, pour cette seule arche, que ce qui a été fait pour les sept ou huit qu'on a tenu à conserver.

J'avais réponse à tout, hormis à : qui va là ?

dit un personnage de comédie. L'archéologue de la *Gazette de Metz*, qui entre plus qu'il ne croit dans nos idées personnelles sur les archéologues en général, a aussi réponse à tout, hormis à notre question. Là est pourtant tout le débat : nous en précisons de nouveau le point.

16 *Octobre* 1845.

Au Rédacteur de la *Gazette de Metz*.

> .... Nous sommes dix gaillards qui
> n'avons pas d'autre besogne, nous
> conservons les monuments... c'est
> fragile un monument, mais nous y
> veillons...
>
> L. REYBAUD.

Mon cher Rédacteur,

N'avais-je pas raison de vous dire dans mon dernier billet que beaucoup d'archéologues avaient oublié d'apprendre à lire ? En effet, j'ai répété dix fois qu'il n'y avait pas en moi le moindre atôme d'un archéologue, et cependant le *Courrier* continue à m'archéologifier sans pitié, et me voilà de la confrérie en dépit de l'archéologie elle-même, cette belle science dont chacun peut penser en jetant les yeux sur son arrondissement :

> Rien n'est plus commun que le mot,
> Rien n'est plus rare que la chose.

D'autre part j'ai dit, redit et motivé à satiété que le goût, l'art, le bon sens prescrivaient de laisser les arches de Jouy s'écrouler, qu'il suffisait d'empêcher les vignerons et les gamins de hâter les ravages du temps, et qu'enfin pour garantir la sécurité de la route de Nancy il fallait non démolir (ce serait un autre vandalisme), mais, par un moyen *quelconque*, consolider l'arche sous laquelle passe la voie publique. Eh bien ! tous mes arguments sont non avenus, et le *Courrier* demande encore pourquoi si je répare une arche je ne les répare pas toutes. Ma foi, je n'ai plus qu'une raison *ad hominem* à présenter à ce terrible conservateur, la voici : c'est que 1 n'est pas égal à 15 et qu'une vieille culotte avec une pièce de sûreté, ne ressemble en rien à une culotte neuve.

Vous voyez, mon cher Rédacteur, que tout ceci tourne au radotage et à l'ennui; c'était inévitable, car le libéralisme traite l'art avec un positif glacial, ni plus ni moins que la-politique. Mais comme je ne fais pas encore usage d'une canne à corbin, comme je n'ai pas non plus un cabinet précieux dans lequel se trouve la blouse de Fieschi, un moëllon authentique donné pour un fragment d'autel de Teutatès, ou bien des feuilles nouvelles de gui et de verveine sous le nom de Hiérobotane en un mot, comme je ne suis ni savant, ni de l'Académie, ni du bureau pour la conservation des monuments, j'abandonne sans peine le champ de bataille, en me promettant bien toutefois de n'aller jamais à Nancy par la rive droite de la Moselle (1).

Mille amitiés,

---

(1) Les arches de la rive droite sont celles qui ont été restaurées.

Réponse du *Courrier*.

18 *Octobre* 1845.

Le correspondant de la *Gazette de Metz* revient encore sur la conservation des arches de Jouy : mais, selon son habitude, il ne dit pas un mot de la véritable question. C'est donc une discussion qui n'apprend rien à personne. Toutefois, et quoique le correspondant ne soit pas archéologue, — ce que nous reconnaissons bien volontiers, — c'est un homme d'esprit avec lequel on perd assez agréablement son temps.

RÉVISION DE LA LOI SUR LA CHASSE.

3 *Décembre* 1855.

Dans plusieurs départements des congrès de chasseurs s'organisent pour demander la révision de la loi du 3 mai 1844. Nous n'en sommes pas surpris ; cette loi conçue dans un très-louable esprit de conservation, mais préparée par des hommes peu spéciaux, délibérée par d'autres qui ne l'étaient pas du tout, n'a pas le moins du monde atteint le but qu'elle se proposait. Le colportage était la pierre angulaire de l'édifice, le colportage interdit, puni, les braconniers rentraient au sein de leur famille, se livraient aux innocents travaux de la campagne, et *certains* amphytrions n'étaient plus exposés à faire manger à leurs convives, en plein mois de mai, des cailles farcies, ou un cuissot de chevreuil sauté au vin de Madère. Ces rêves charmants se sont évanouis devant la réalité ; le gibier n'est pas rare en temps défendu, et le braconnage a pris des proportions effrayantes ; il a aujourd'hui tous les signes d'une institution régulièrement organisée ; chefs, sous-ordres, espions, maison de recel, tout s'y trouve comme dans les bandes de voleurs de Paris ou de Londres. Une *société* de ces messieurs découvre des bois giboyeux, elle s'y rend en force, elle trouve moyen d'éloigner le garde, en un tour de main 500 lacets sont placés, et trois jours après, elle repasse avec des hottes au fond desquelles sont jetés les pauvres lièvres et votre plaisir de plusieurs années ; j'ai malheureusement passé par là, et j'en parle savamment. On comprend combien les membres de ces associations sont dangereux ; jouant le pain de leurs familles dans leur coupable industrie, ils ne reculent pas devant un crime. Aussi les gardes-champêtres, les gardes-forestiers et les gendarmes, malgré la circulaire du maréchal Saint-Arnaud, continuent-ils à payer un ample tribut de sang à la défense des perdreaux.

Si nous étions appelés à donner notre avis sur les moyens à employer pour remédier à l'insuffisance de la loi, nous proposerions :

1° D'augmenter la pénalité du colportage, de la

vente et de l'achat du gibier, et surtout de stimuler la surveillance de l'autorité à l'endroit de ces délits.

2° De supprimer l'amende contre les tendeurs de lacets et de doubler la prison.

3° De doubler l'amende contre ceux qui chassent sans permis : il y a là, en effet, une singulière anomalie. Si la délicatesse de votre conscience ne vous prescrit pas de prendre un permis, vous faites ce raisonnement bien simple : un permis coûte 25 fr., l'amende est de 16 fr., le vieux fusil obligé est de 5 f., les frais de 3 à 4 fr., c'est à peine les 25 fr. du permis, et j'ai la très-grande chance de ne pas être pris, donc, etc., etc.

4° De louer la chasse de tout le territoire des communes, ne réservant les droits du propriétaire que pour les terrains d'au moins 20 hectares d'un seul gazon. Le possesseur de quelques hectares de terre a la prétention de chasser sur tout le ban de la commune. Si le propriétaire d'une grande ferme disséminée, si l'adjudicataire des portions communales veut l'en empêcher, il se trouvera à son tour gêné dans ses moindres mouvements et obligé de renoncer à ses délassements. Nous connaissons de graves magistrats qui ont eu à subir les conséquences d'une répression impossible. C'est cette facilité de chasser en France sans chasses et sans terres qui, en 20 années, a porté le chiffre des permis de 30,000 à 140,000.

Le gouvernement fait de bien louables efforts pour

améliorer le sort des communes. Elles sont, pour la plupart, gênées, obérées ; les unes n'ont point de maison d'école pour les filles qui vont en classe pêle-mêle avec les jeunes garçons, d'autres n'ont point de lavoir, ou manquent de chemins, de cimetière, au-dehors leurs terrains ne sont pas abornés, etc. Eh bien ! dans la location des territoires, il y aurait une ressource importante propre à couvrir une partie de ces dépenses.

5° De supprimer en général les battues dans les bois communaux et domaniaux ; de n'accorder de rares exceptions à cette règle, qu'à la demande formelle et loyalement motivée des adjudicataires des chasses.

6° De prier le gouvernement d'autoriser et d'encourager les associations cynégétiques ayant pour but principal d'accorder des récompenses aux gardes qui auraient verbalisé contre un tendeur de lacets, et d'accorder des pensions aux femmes de ceux qui auraient été blessés ou tués dans l'exercice de leurs dangereuses fonctions.

7° Enfin nous demanderions subsidiairement que la taxe sur les chiens fût une, non seulement par département, mais pour toute la France. Nous n'excepterions de l'impôt que le chien de berger et celui de l'aveugle. Ce que les chiens de cultivateurs détruisent de gibier à l'époque des travaux de mars et de septembre, est énorme ; les services qu'ils rendent sont fort douteux, et beaucoup de fermiers s'en passent sans inconvénient. Les roquets, qui dans la loi nouvelle, jouissent d'un privilége, sous le nom de chiens de garde, devraient au contraire payer double. Ce sont eux qui, manquant de soins, deviennent enragés ; ce sont eux qui détruisent les couvées, qui troublent la tranquillité des nuits, qui mordent les mollets des voyageurs et rendent redoutable l'abord de certains villages.

Le modeste et pauvre chasseur au chien d'arrêt se plaint avec raison de ces faveurs accordées aux chiens qui ne sont pas, comme le sien, des serviteurs et des amis ; il a cependant accepté la loi avec résignation en songeant que désormais son fidèle compagnon, son vrai gardien, devenu contribuable, a droit à la protection de l'autorité et à une existence légale.

———

RÉVISION DE LA LOI SUR LA CHASSE.

(Suite.)

15 *Décembre* 1855.

Monsieur et ami,

Vous désirez que le journal que vous rédigez et dirigez ne reste étranger à rien de ce qui se fait ou se peut faire d'important, d'utile ou d'agréable en France ; dans ce but, vous avez demandé à ma vieille expérience de chasseur, de vous faire connaître les plaintes de mes frères en St-Hubert contre la loi du 5 mai 1844 et les conséquences que des inhabiles en ont fait découler. Je me suis empressé de vous dire nos griefs ; mais, dans mon empressement, j'en ai oublié plusieurs et des meilleurs ; si vous le permettez donc, je reprendrai la question où je l'ai laissée le 5 décembre dernier.

Vous avez connu, nous avons tous connu, l'histoire d'un petit avocat dont la révolution de 1848 avait cru pouvoir faire un préfet : il avait de la probité, de bons sentiments, et dans la tête et le cœur une dose effrayante de libéralisme exagéré ; tel quel, et quoique préférable à bien d'autres, la république ne le trouva pas à la hauteur de ses fonctions et l'appela dans les bureaux du ministère de l'intérieur. Par un singulier jeu du hasard, cet homme, qui n'avait jamais touché un fusil, et dont la meute se composait d'une très-jolie levrette, eut à s'occuper particulièrement de la cynégétie. Ma foi, quand les affaires de chasse vous incombent, et qu'on a de l'honnêteté, on veut les faire en conscience. Donc, comme le pauvre diable de Voltaire, il compila, compila, compila et finit par imaginer dans l'espèce deux de ces énormités comme il y en a passablement dans notre spirituel pays ; énormités sans raison d'être et qui semblent inventées seulement pour irriter et désaffectionner les contribuables en particulier et le peuple en général.

C'est lui qu'on accuse de la singulière idée des zônes pour l'ouverture de la chasse. Or, voici en quoi consiste une zône : deux, trois ou quatre préfectures limitrophes doivent se consulter et s'entendre pour demander au ministre (pauvre ministre, de quelles misères va-t-on le fatiguer !) de pouvoir ouvrir tel ou tel jour. Si je ne me trompe, la Moselle, la Meurthe et la Meuse sont une zône. Ainsi, que par aventure, la Meurthe ait semé beaucoup de féverolles, que la Meuse ait ses champs couverts de navette d'hiver, que par une raison ou par une autre, un de ces départements soit en retard dans sa moisson, il faudra que la Moselle attende. La raison que l'on a donnée dans le temps pour expliquer les zônes, c'est le colportage. Voyez la malice ! comme si à un jour donné, l'ouverture n'ayant pas lieu pour tous, il ne se trouvera pas un département ouvert en contact avec un département fermé. Que si vous êtes pris de la passion d'aligner, de partager, de réglementer, faites trois sections de la France et ouvrez pour le Nord, le Centre et le Midi, quand il vous plaira. Mais croyez-moi, abandonnez toutes ces minuties, laissez aux préfets seuls le soin de fixer l'ouverture pour leur département, dites leur surtout de ne pas s'inquiéter de l'état de la moisson, dont la loi du 3 mai s'est fort sagement abstenue de parler ; dites leur que ce qui doit les déterminer, c'est la maturité plus ou moins précoce des animaux, car avant tout, il faut conserver et ne pas anéantir les ressources que nous devons à Dieu ; toutes choses étant égales, les préfets devront aussi tenir compte de l'époque du passage des animaux voyageurs.

Dans la Meuse, il y avait encore sur pied, le 21 septembre, une notable quantité d'avoine, cependant la chasse a été ouverte le 6. Jugez quelle source intarissable de récriminations le préfet aurait créée, si, moins pénétré de l'esprit vrai de la loi, il l'eût interprétée comme plusieurs de ses collègues et eût fixé l'ouverture au 25 ou au 30. Le respect dû aux récoltes repose sur le zèle du garde champêtre et sur la délicatesse du chasseur.

Zénophon a dit : « celui-là serait un malhonnête homme qui poursuivrait la plus belle chasse dans un champ non récolté. » Cette vérité est devenue élémentaire de nos jours ; et je ne sache pas que dans ce département de la Meuse, où l'ouverture s'est faite au milieu d'une moisson d'avoine totalement sur pied, il y ait eu beaucoup de procès-verbaux et aucune plainte sérieuse.

L'autre erreur de la même époque, c'est l'interdiction de la chasse au chevreuil et au lièvre dans les bois, durant la neige.. Oh ; grand Dieu ! dites-moi je vous prie, peut-il venir à la pensée qu'un homme, ayant chasses et chiens, puisse faire le métier que vous supposez, au lieu de chasser agréablement, honnêtement, à cor et à cri ; et n'est-ce pas une

confiance excessive que de croire que votre ordonnance arrêtera le braconnage? une chose seule pourrait
le retenir, c'est la présence du propriétaire, et c'est
justement ce que vous avez la prétention d'interdire;
je dis la prétention, car moi et d'autres, malgré
l'exemple que nous devons de la soumission aux
réglements, nous sommes forcés d'être bien souvent
en contravention. Les loups et les sangliers sont rares
et voyageurs, il y en avait hier, il n'y en a plus aujourd'hui quand vous arrivez; il y a des bois où il
n'existe pas un renard, et d'ailleurs, par la première
neige, ces animaux tiennent au trou; il est donc
très-possible qu'après un déplacement de plusieurs
lieues, et cent préparatifs de la veille, je sois obligé
de revenir honteusement sans découpler; vous ne le
pensez pas; une fois passe encore, mais dix fois,
mais vingt fois, ainsi qu'il pourrait arriver dans ce
pays où la neige couvre la terre pendant deux mois,
cela n'est pas possible. Nous chassons donc notre
lièvre à défaut d'autre bête, et comme la seule manière de rompre les chiens quand on chasse à pied,
est de *porter bas* l'animal, nous tuons ce lièvre et
le déclarons bravement à l'octroi; à moins de transformer les préposés en inquisiteurs, à moins de jeter
l'administration dans des difficultés inextricables, on
ne pourra jamais savoir si ce lièvre provient d'une
glacière, s'il n'a pas été tué sur un côteau au midi
où la neige était fondue, etc.

En résumé, ce règlement prohibitif ne peut rien pour la conservation du gibier, il est une gêne extrême pour les chasseurs honnêtes. Bornez-vous donc à maintenir et surtout à faire exécuter la proscription de la chasse en plaine en temps de neige, poursuivez à outrance les tendeurs de lacets, et par ces deux moyens vous ferez déjà beaucoup pour le but que vous vous proposez.

Un troisième grief, c'est le refus d'accorder des traques contre les renards; être très-sobre de battues, c'est fort bien; mais s'il y avait une exception, il faudrait la créer pour la battue aux renards. L'administration forestière pense le contraire, elle protège les renards comme de véritables auxiliaires pour la conservation des bois. Les renards, dit-elle, détruisent beaucoup de souris, ces affreux rongeurs des jeunes semis. C'est justement là qu'est l'erreur ; outre qu'il n'y aura jamais assez de renards pour nuire sensiblement aux souris, il faut reconnaître que les renards donnent la préférence aux volailles, aux pigeons, au gibier et à tous les hôtes charmants des forêts. On ne peut malheureusement nier qu'il n'y ait énormément de souris cette année; eh bien! quel est l'homme se levant matin qui ait vu des renards dépenser leur temps à guetter les souris, quel est celui au contraire qui n'en ait pas vu rôder près de fermes et entrer jusque dans les cours? L'époque où les renards s'occuperaient des souris et en feraient leurs *choux gras*, ce serait le moment même où les souris chassées des champs par le froid ou la neige sont devenues fort rares, c'est alors encore que les renards affamés consomment tout ce qu'ils trouvent jusqu'aux grenouilles et aux crapauds.

ÉTAT CIVIL DES RENARDS DANS LE DÉP^t DE LA MOSELLE.

1er *Décembre* 1856.

Sauf dans des cas particulièrement exceptionnels, l'administration forestière de la Moselle refuse des traques pour la destruction des renards. Elle regarde cet animal comme son meilleur auxiliaire pour la conservation des bois. Ne riez pas, rien n'est plus vrai. Les motifs qu'elle allègue ne sont pas absurdes, Dieu me garde de le dire, mais ils n'ont pas la valeur qu'elle suppose. L'administration assure que les souris rongent les pousses nouvelles et les jeunes semis, et que les renards mangeant les souris, on protège les forêts si l'on permet aux renards de croître et de multiplier comme des fils d'Adam.

Entendons-nous, la souris (mus musculus), celle qui fait le désespoir des cuisinières dans les garde-manger, des cochers dans les greniers, des cultivateurs dans les trèfles, n'habite pas les forêts, elle se tient exclusivement dans les champs et les maisons ; c'est donc du mulot (mus sylvaticus) qu'il s'agit ; de fait il n'y a pas de rongeur plus nuisible ; mais comme au moindre bruit il se retire dans des trous profonds ou monte sur des branches, il faut reconnaître que le renard le plus affamé n'en peut prendre qu'une quantité insignifiante. Un renard qui attrape un mulot peut bien le croquer et dire comme le pêcheur de la fable : *je tiens pour moi que c'est folie...* de vous lâcher, mais il ne perd pas son temps à tendre des embuscades à de pareil fretin. Dans les bois où les mulots s'étaient multipliés à l'infini, j'ai vu placer des pièges autour des semis, mais jamais compter sur les renards pour les détruire.

A un autre point de vue, on pourrait dire que le remède est pire que le mal. L'administration a mission de conserver les forêts et d'augmenter leurs produits utiles. Or, le gibier est un revenu très-positif des bois ; en Allemagne et en Ecosse la location des chasses et la vente des animaux entrent pour un dixième dans le rapport ; en France la location n'a pas une telle valeur, cependant elle verse dans les coffres de l'Etat une somme assez ronde, et pour certaines communes il n'y a pas de revenu plus liquide. Ces avantages disparaîtront certainement si l'on permet aux renards de se propager et de dévorer le gibier. Il n'y a pas en effet de plus terribles destructeurs d'oiseaux, de nids, de lièvres, de jeunes faons, de volailles ; le braconnier, le tendeur de lacets, ces cauchemars de l'agent forestier, ne sont pas un voi-

sinage plus fâcheux pour le chasseur ou le fermier.
Quand on a pour soi un observateur spirituel et fin
comme Lafontaine, il ne faut pas négliger de le citer;
voici les paroles de Perrette dans la *Laitière et le
Pot au Lait :*

> Il m'est, disait-elle, facile,
> D'élever des poulets autour de ma maison,
> Le Renard sera bien habile,
> S'il ne m'en laisse assez pour avoir un cochon.

Il ne faut pas oublier que dans notre pauvre
Lorraine il n'y a point d'équipages pour attaquer les
grands animaux avec une garantie de succès, il faut
donc pour en finir avec un loup plus ou moins dangereux, plus ou moins enragé, employer le triste
moyen d'une battue. Mais croyez-vous que je me
rende à votre appel si dans cette battue je ne puis tirer
un renard? Croyez-vous que pour mon argent, mon
déplacement, pour quatre heures à me morfondre, et
pour un bon gros rhume de cerveau, je consente à
n'avoir droit qu'au 25e du coup de fusil qui doit tuer
le loup? Vous seriez dans l'erreur, et la conséquence
serait, que le jour où il y aurait sérieusement besoin
d'avoir recours à une traque, vous ne trouveriez ni
moi ni personne.

Nous avons essayé de bien préciser le but du présent article, il ne nous convient pas d'être, par notre
silence, le parrain de la découverte singulière de l'administration forestière de la Moselle; le renard sera

toujours pour nous un animal nuisible au premier chef. Il y a des tours de force devant lesquels sont impuissantes l'étude, la science, la fantaisie; malgré Sganarelle et sa doctrine, le cœur est toujours à gauche. Nous n'avons pas la présomption de modifier l'opinion de l'administration forestière, cependant elle donnerait peut-être quelqu'attention à nos observations, si elle savait que cette réclamation serait plus justement signée par le nom collectif : *les chasseurs de la Moselle* que par le nom solitaire, L. de Curel.

ÉTAT CIVIL DES CHEVREUILS DANS LE DÉP[t] DE LA MOSELLE.

3 *Janvier* 1857.

Nos réclamations sont si justes, nos observations paraissent si claires à ceux qui les jugent avec impartialité, que nous espérons que l'administration n'en a pas eu connaissance, puisqu'il n'y a pas encore été fait droit. Aussi tant qu'il nous restera un journal et une plume, nous reproduirons nos griefs, au risque d'être ennuyeux comme Bolgrad, ou insupportable comme les fanfaronnades de l'Angleterre.

Ces jours passés nous avons dit par quel motif, au moins fort étrange, l'administration des forêts s'était faite la protectrice des Renards. Aujourd'hui, pour répondre au désir de nos confrères, nous allons revenir sur cette autre interdiction inexplicable, de chasser dans les bois et aux chiens, les chevreuils et les lièvres pendant la neige.

Et d'abord on pourrait demander de quel crime est coupable envers ses administrateurs, le département de la Moselle, pour être ainsi persécuté dans ses plaisirs? Nos voisins de la Meurthe, des Vosges et cinquante autres départements n'ont jamais entendu parler des singulières fantaisies imaginées contre les chasseurs de ce pays. La raison qu'on allègue pour proscrire la chasse aux chiens courants en temps de neige, c'est qu'il est plus facile de remettre, ou en d'autres termes, que le livre des ânes est ouvert. C'est vrai, mais c'est bien peu de chose : et outre qu'il est fort permis de douter que la chasse d'un chevreuil par la neige soit plus aisée qu'en d'autres temps, quel grand mal y aurait-il, je vous le demande, à ce qu'une fois ou deux dans l'année, le chasseur eût une chance de réussite dans les chasses qu'il paye fort cher? L'administration dit encore : par la neige on suit sans peine le pas d'un chevreuil, et sans peine aussi on l'assassine dans son liteau. C'est possible, mais à la condition cependant que le bois ne sera pas chargé et que la neige ne craquera pas sous les pieds; c'est rare. Quoi qu'il en soit, l'administration ne pense pas que des chasseurs ayant chiens et forêts à chevreuils, fassent jamais cet indigne métier; son but est donc, et nous en sommes très-reconnaissants, de protéger le gibier des vrais chasseurs contre les embûches des braconniers. Mais voici ce qui arrive : le braconnier, sachant à *priori* qu'il ne trouvera pas au bois l'adjudicataire de la chasse, se hâte d'y courir et de faire sa tournée. Ainsi, par une étrange fatalité, quand l'administration a raison, elle encourage justement ce qu'elle veut empêcher.

Défendez, défendez énergiquement la chasse en plaine, en temps de neige ; vous aurez l'assentiment de tous, parce que, par une neige vierge, *un amateur* peut, en une heure, tuer plusieurs lièvres, et détruire, d'un seul coup, les 5 ou 6 perdrix destinées à repeupler un canton. Malheureusement cet article capital de la loi de 1844 est mollement exécuté, et c'est à ce motif, et non à d'autres plus honnêtes, comme le croient quelques bonnes gens, qu'il faut attribuer pour le département de la Moselle l'honneur d'être le moins chargé de condamnations à l'endroit des délits de chasse. Nous préserve le ciel de nous faire l'écho des reproches adressés par la rumeur publique à quelques maires et à certains gardes! Nous voudrions cependant qu'au premier jour de neige un fonctionnaire montât à cheval et courût les champs pendant quelques heures, il trouverait, nous en sommes certains, les forêts muettes de la voix des chiens, et la plaine retentissante de coups de fusils, comme s'il n'y avait ni loi ni arrêtés préfectoraux.

La question peut être encore envisagée sous un autre point de vue. On ne fait pas un déplacement de plusieurs jours pour la chasse ingrate et difficile du chevreuil ; le chevreuil n'est qu'un en cas, mais si la neige tombe, et que le sanglier demandé fasse défaut, il faudra faire un hourvari et rentrer piteusement au logis ; c'est bête, mais cela se voit souvent. Il résulte de cette situation que les chevreuils se sont beaucoup multipliés dans les forêts de Villers, de Briey, de Remilly, et que le tendeur de lacets, trouvant là une proie assurée, pratique nuit et jour sa coupable industrie, au risque d'étrangler les chiens des adjudicataires. Lisez les rapports de vos agents et vous reconnaîtrez la scrupuleuse exactitude de nos paroles. Sur dix chevreuils qui figurent à la devanture des restaurateurs ou des étalagistes du Marché-Couvert, huit au moins n'ont pas eu l'honneur d'un coup de fusil, et sont morts ignominieusement la corde au cou.

Des considérations précédentes découle cet axiôme aussi palpable que ceux de la géométrie: *Toutes les restrictions qui empêchent l'exercice loyal de la chasse tournent au détriment du chasseur qui paie, et au profit du chasseur qui vend.* Les minuties, les vétilles, les petits obstacles inventés, nous n'en doutons pas, dans un but louable, font le triomphe du braconnier et le désespoir de l'honnête homme qui a, comme le héros de la Manche, une escopette à la crémaillère, et deux hourets galeux à l'écurie.

DE L'IMPÔT DES CHIENS.

14 Avril 1856.

Dans un précédent article (3 décembre 1855), nous avons rappelé que, sous le gouvernement du Roi Louis-Philippe et sous la République, les chambres avaient été saisies d'un projet d'impôt sur les chiens, et le principe admis sans difficulté ; mais que les auteurs des projets s'étant maladroitement égarés dans les catégories, la loi s'était chaque fois écrouée sous une avalanche de plaisanteries provoquées par des plaidoieries burlesques en faveur des azors et des caniches.

Le gouvernement impérial, mieux avisé, réduisit la loi à un article unique, aussi fût-elle votée sans opposition ; mais hélas ! le ministre, oubliant le passé et se faisant illusion sur les difficultés du sujet, est rentré résolument, par le décret du 4 août, dans les catégories, et il a inventé les chiens d'agrément et les chiens de garde.

Aujourd'hui nous sommes arrivés à l'application : les ennuis commencent, les impossibilités se manifestent, et les percepteurs, surtout ceux des campagnes, ont besoin d'une parfaite impartialité et d'une grande connaissance de l'histoire naturelle du chien, pour ne pas user à tort et à travers de l'arbitraire qui leur est confié.

Tous les braconniers ont un chien bâtardé, qui n'a plus extérieurement du chien de chasse que des traces fugitives, à peine perceptibles pour un œil exércé, cependant ce vilain animal est aussi dangereux que son maître dans la plaine et dans les bois; à quelle classe appartient-il?

Ce chasse-poules qui vous assourdit à votre entrée au village, pousse très-bien un lièvre pendant cinq minutes, c'est tout ce qu'il faut pour conduire le gibier dans un lacet ou sous le fusil du maître; cet autre est *enragé* après les renards, les protégés actuels de l'administration forestière, il entre avec eux dans les terriers et en fait détruire en quantité. Ces deux animaux sont-ils de la première ou de la seconde catégorie?

Ce Monsieur ne chasse pas, *mais il pourrait chasser*; en attendant il aime la gentillesse et la fidélité des épagneuls, et il en prend un pour garder son logis. Vainement il offrira de conduire son chien dans la campagne et de faire la preuve de son ignorance des premiers éléments de l'art.... non, l'animal a de longues oreilles et une robe soyeuse, il sera de la 1re classe, et voilà comment un percepteur peut déshériter les épagneuls de leur vieux renom de gardiens dévoués. Est-ce juste? Pour remédier à cette incertitude, il faudrait soumettre les percepteurs à un cours de zoologie, ou leur donner la résignation des employés de l'octroi, qui taxent du même chiffre la bouteille de Chambertin ou la bouteille des côteaux de Vallière.

Cette bonne femme a un Roquet, qui lui tient chaud aux pieds ; ils causent ensemble, ils se rendent de mutuels services, enfin il lui est très-agréable le jour, et peut-être la nuit fait-il bonne garde dans la chaumière. Que fera M. le Percepteur ? Le Roquet sera-t-il chien de luxe ou d'utilité ? D'utilité, répond l'homme des finances, quand le propriétaire sera pauvre ; d'agrément, quand il sera riche. Très-bien. Mais outre que nous savons sous quelles influences se font les appréciations de fortune dans les campagnes, nous répondons qu'en France la loi est une pour tous et que, ni en matière d'impôts, ni en quoi que ce soit, rien ne peut être laissé à l'arbitraire de personne.

Nous connaissons d'honnêtes chasseurs qui ont consciencieusement déclaré leurs chiens courants et qui ont mentionné leur chien d'arrêt comme chien d'utilité, parce que ce chien couche dans leur chambre et *avant tout* fait l'office du gardien. Ces chasseurs sont-ils coupables ? Le percepteur dit : oui. Nous, nous leur accordons le bénéfice des circonstances atténuantes.

Pour les raisons qui précèdent et pour d'autres dont les percepteurs pourront rendre compte à l'autorité supérieure, nous émettons le vœu que le décret réglementaire de la loi du 2 mai 1855 soit abrogé, pour être remplacé par une taxe uniforme sur tous les chiens. Que si l'on veut absolument créer des catégories, au risque d'embarrasser le service, il faudrait se borner à faire une distinction entre les chiens des campagnes et ceux des villes de 2,000 habitants et au-dessus, et aussi à imposer davantage les lices portières, les chiennes étant pour les éleveurs une source réelle de profits, et par leur nature même plus sujettes à l'hydrophobie que les chiens. Il est bien entendu que le chien d'aveugle serait exempt de toute contribution, mais non le chien de berger. Il nous a été dit que des chiens étaient mis en pension chez des bergers pendant la confection des rôles et retirés ensuite ; de plus, les communes peuvent bien dans leur budget, rendre de la main droite au berger ce qu'elles lui auraient pris de la main gauche par l'impôt. Nous demandons grâce aussi pour le chien du cloutier ; non qu'il nous soit démontré que, dans notre temps de machines à vapeur, le chien de cloutier ne soit pas devenu un mythe, et que la pauvre bête, si elle existe encore, n'ait pas. plus besoin de la loi Grammont, que d'être exemptée des rigueurs de la loi du 2 mai ; mais ceci est une question *personnelle*. Dans notre précédent article sur la matière, nous 'avions involontairement oublié de réclamer l'exemption pour le chien de cloutier ; sur quoi un cloutier, un vrai cloutier, a adressé à l'honorable directeur de l'*Indépendant* une lettre remplie de mille *pointes* destinées à nous transpercer ; c'est pour éviter un second déluge d'aimables plaisanteries, que nous nous hâtons de faire aujourd'hui amende honorable.

La loi ne dit pas en termes formels, l'endroit où devront être faites les déclarations ; mais en indiquant que l'impôt est au profit des communes, qu'un registre est ouvert dans chaque commune....., elle montre implicitement que les chiens doivent être dénoncés là où les propriétaires ont leur domicile politique. Cependant beaucoup se sont trompés de la meilleure foi du monde, et nous n'en sommes pas surpris ; ils ont pensé que, pourvu qu'ils payassent, le lieu n'importait guère. De leur côté, les répartiteurs, les visiteurs, trouvant des chiens dans une maison, en ont constaté le nombre et la qualité au nom du propriétaire, sans s'inquiéter si une déclaration antérieure n'avait pas été faite dans une autre commune. De ces deux erreurs, il est résulté une confusion inexprimable ; les avertissements succèdent aux avertissements ; les taxes triples pleuvent de toutes parts, et les réclamations encombrent la préfecture. A travers tout cela, les plus coupables ne le sont guère, mais il y en a qui ne le sont pas du tout : ce sont ceux qui ont fait à la mairie une déclaration loyale de leur domicile réel ; ils n'en sont pas moins comme les autres, pour obtenir réparation d'une maladresse qu'ils n'ont pas commise, soumis à une multitude de démarches fort ennuyeuses et à une demande à M. le Préfet, sur papier timbré de 0,35. Qu'on se le dise.

DOLÉANCES D'UN ARMURIER.

15 *Mai* 1850.

La République, avant de monter sur le trône, avait promis monts et merveilles ; elle devait protéger tous les travaux, améliorer toutes les situations. L'arquebuserie qui a tant souffert de la concurrence funeste des pavés, l'arquebuserie qui tient entre ses mains la solution de tous les problêmes sociaux, était na'u-rellement placée au premier rang des industries à protéger et à secourir. Voyons les bienfaits de la République en sa faveur.

La poudre vaut aujourd'hui 15 fr. 50 le kil. au lieu de 12 fr.

La chasse, ouverte au plus tard le 1er septembre, ne l'est seulement aujourd'hui, pour répondre à certaines considérations particulières, que du 5 au 10.

Autrefois la chasse se fermait le 15 mars, aujourd'hui elle est close le 1er mars, quelquefois même le 15 février.

Jadis la chasse en plaine était interdite en temps de neige, la République défend, elle, la chasse en plaine et au bois.

Voici les conséquences de ces innovations :

Les armuriers ne débitent pas le quart de poudre

que par le passé, et la contrebande, dans nos provinces de l'Est, se fait sur une grande échelle et reçoit l'encouragement tacite des consommateurs.

La chasse étant resserrée dans des limites de plus
en plus étroites, peu de personnes essaient d'un plaisir aussi cher, beaucoup cessent de s'y livrer, et les
magasins sont encombrés de fusils Lefaucheux, Be-
ringer, Devisines, Lepage, etc., qui ne trouvent point
d'amateurs.

Enfin les chasses domaniales et communales louées
à des prix réduits, appauvrissent d'autant le trésor
de l'Etat et la caisse des communes.

La guerre, quelquefois, émancipe les peuples, protège les nationalités, elle porte au loin les lumières
et le progrès ; toujours l'armée est le refuge de l'honneur et de la gloire chez les peuples en révolution.
Ces considérations ont fait de l'arquebuscrie l'un des
premiers arts de notre France savante. Pourquoi la
République l'oublie-t-elle ? Pourquoi ne la protège-
t-elle pas plus que ne le ferait un membre du congrès de la paix, ou un élève de B. de Saint-Pierre

---

LA RUE DES AUGUSTINS.

17 Février 1835.

La rue des Augustins à M. le Maire de la Ville.

Ne vous semble-t-il pas, Monsieur, que vous au-

riez dû répondre un mot à mes sollicitations (1)?
Les airs de hauteur vont mal à un maire par élection,
et ne sont guères de mise avec une fraction du peuple
souverain ; cela sent le régime impérial qui n'aimait
pas les explications; de fait, nous l'imitons dans sa
fiscalité, son arbitraire, pour sa gloire et sa dignité
nous n'en avons souci. Mais Monsieur, le malheur
est ingénieux à se créer des espérances ; d'autres
n'augureraient rien de bon de votre silence, pour moi
Dieu veuille que je n'aie pas tort, j'imagine que quand
vous serez libre des soucis que vous donnent et la
garde nationale, et le conseil municipal, vous songe-
rez à moi et me ferez justice.

Un malheur, Monsieur, c'est que j'aie commencé
mes réclamations par l'intermédiaire d'un journal ; les
fonctionnaires n'aiment point de traiter ainsi de puissance à puissance, avec la presse et la mauvaise encore;
il serait mieux de prier, solliciter, s'abaisser, s'hu-
milier, prendre patience. Mais que voulez-vous, je
suis engagée dans une mauvaise voie (pardon du
calembourg), et mon avocat, homme d'expérience,
dit qu'il faut y persister, pensant que dans la circonstance, un pas rétrograde serait chose détestable.

Quand mes habitants vous adressèrent une première
fois humble requête, ils firent un aveu naïf de leurs
torts, cette manière dispose à la bienveillance. Ils

(1) Quelques observations sur le mauvais état du pavé dans la
rue des Augustins, avaient déjà été adressées au Maire de Metz.

vous disaient : Hélas ! Monsieur, nous pensons mal, nous détestons l'ordre de choses, mais nous payons exactement la personnelle, la mobiliaire, l'extraordinaire, la foncière, la patente ; nos pavés (ceux qui nous restent, s'entend), sont mieux balayés que ceux d'aucun ; nos chiens, nos chats ne vaguent jamais dans les temps défendus, et conformément à votre dernière ordonnance, nous faisons politesse à nos voisins quand ils puisent de l'eau à Saint-Nicolas. Peut-être vous avez cru que l'enlèvement de nos cordons de sonnettes était une malice, pour faire pièce au commissaire du quartier ; détrompez-vous, ce fut un vol aussi réel que celui d'Hagondange l'année passée. Vous en souvient-il de ce dernier vol ? il dura le moins douze heures. *Messieurs* prirent leur temps, ne précipitèrent rien ; le pillage fut régulier comme autrefois à une époque glorieuse, celui de l'archevêché de Paris, et aussi, vos bons gendarmes et votre police ne découvrirent jamais rien. En résumé, Monsieur, nous sommes sages, gens d'ordre, nos cabarets, nos auberges sont fréquentés par un public paisible, jamais de trouble, de scandale ; par où nous entendons montrer que si nous avions des pavés, nous n'en ferions mauvais usage, Et puis, Monsieur, penser mal, est-ce donc un crime irrémissible ? ne peut-on s'amender ? d'autres avant nous, n'ont-il pas oublié, les ingrats qu'ils sont, les faveurs de la restauration ? Faisant ainsi commerce d'opinions politiques, ou sacrifiant leur pensée à la peur, cette horrible déesse; nous qui sommes libres de passions, d'intrigues, nous qui avons le courage de nos sentimens, ce serait nous faire injure que d'établir un parallèle entre eux et nous, mais les bienfaits de l'ordre de choses sont si grands, sa clémence si touchante, son économie si sévère! Qui pourrait jurer de ne pas se laisser prendre, un beau jour, à la glu de la royauté nouvelle.

Ainsi dirent-ils. Par ces insinuations ils espéraient gagner votre cœur. Vous êtes resté insensible, inexorable. Ils ne se consoleront jamais d'être tombés dans votre disgrâce, mais vous avez pavé la rue des Juifs et c'est là le coup le plus sensible.

Désespérés, ils se sont réunis tous pour en délibérer, tous non, quelques-uns. Or, pas un ne manquant, le procureur du roi pouvait, s'il eût voulu, faire du dévouement; la loi sur les associations était là, en vertu de laquelle on met d'abord en prison, on prouve ensuite qu'il y a association. Voilà une loi préventive, Monsieur, s'il en fut jamais, faite par vos amis les libéraux, qui ont fait de si beaux discours pour la liberté et contre la prévention.

Tout se passa convenablement dans cette assemblée; on ne jura point sur un poignard, haine à mort à notre glorieux monarque, on laissa la souveraineté populaire dans sa léthargie profonde, le temps passé ne fut pas loué aux dépens du présent, et vous, Monsieur, vous, mon bourreau, on vanta votre zèle pour l'ordre de choses, ainsi que l'*Indépendant* recommande de le faire. Lors, le pavage de la rue fut mis en discussion, chacun dit son mot, fit son discours, on eût dit un banquet républicain. L'un paraissait craindre que vous ne fussiez opposé au rapprochement des partis, à la transfusion des opinions (c'est le langage du jour), en nous séquestrant ainsi chez nous. Un autre voulait s'adresser à vous au nom de la religion, qui traite sévèrement les puissants de la terre et les rappelle à l'exercice de leurs devoirs. Un troisième, et celui-là eut tous nos suffrages, parla ainsi : « Je connais M. le Maire, il sert un gouvernement impitoyable, mais il a le cœur bon, s'il voyait notre détresse, il y compatirait, il passerait de l'indifférence à la pitié, prions-le de visiter lui-même une rue dont l'état déplorable suffit seul pour accuser toute une administration municipale. Allons, é crivez votre demande, je la mettrai dans la *Gazette de Metz* et vous verrez merveille. »

Telle fut, Monsieur, la délibération de mes habitants. Faites-leur justice, Monsieur, ils loueront tout haut ce qui en vous est louable, c'est un hommage non suspect que celui que nous rendent nos adversaires ; à votre place je le voudrais mériter.

Votre très-humble servante,
La rue des Augustins.

5 *Mars* 1835.

Le délégué de la rue des Augustins au Maire de la ville.

Muses, changeons de style.
BOILEAU.

Monsieur,

Les habitants de la rue des Augustins ont mieux à faire que d'écrire à un magistrat qui ne daigne pas leur répondre. Ils m'ont donc chargé à l'unanimité de poursuivre près de vous leur réclamation. Si vous avez l'idée de *nous lasser sans jamais vous lasser,* vous êtes dans l'erreur ; maintenant que je suis armé d'une élection aussi valide pour le moins qu'une élection faite par 219 députés, et que je puis parler sans rire du droit que je tiens du vœu de la rue des Augustins, je vous écrirai toutes les semaines, tous les jours même, s'il est nécessaire. Je ferai en sorte d'intéresser à ma cause et de faire ressortir la justice de mes plaintes. L'exemple de Louis-Philippe, qui s'est dévoué à être roi pour le bonheur de la France, ne sera pas perdu pour moi : je serai l'organe de mes voisins, à mes risques et périls.

Monsieur, je vous crois dans le secret du gouvernement ; vous avez son dernier mot, et si vous n'avez pas fait l'auguste pamphlet faussement attribué à M. Rœderer, vous y adhérez du moins sans restriction, autrement vous ne mettriez pas en pratique , dans votre petite sphère, l'absolutisme que l'on nous assure être, dans un ordre de choses plus élevé, la condition impérative sans laquelle il nous faut renoncer au gouvernement économe, libéral et glorieux du 7 août ; pour mon compte, je me résignerai facilement à ce malheur ; mais ce que je n'accepterai jamais, c'est d'habiter le cloaque appelé rue des Augustins, devenue tel par la négligence ou l'impéritie, ou le mauvais vouloir.

Ce n'est pas une chose aisée, Monsieur, que d'être maire d'une ville de 45,000 âmes, surtout quand on est arrivé d'emblée à de si hautes fonctions ; il faut alors un zèle, une persévérance, une intelligence des affaires, qui sont rarement le résultat d'une illumination soudaine. La révolution de juillet a improvisé presque tous ses fonctionnaires ; aussi, Monsieur, combien de bévues, de sottises, de maladresses ou administratives ou financières ! à ce point que M. Thiers, improvisé lui-même sous-secrétaire d'état en 1830, déclara qu'avec cette fureur de destitutions et de places qui avait saisi les *libéraux*, on n'aurait que des ignorants ou des incapables, et qu'il serait impossible de marcher.

Malgré mon profond respect pour les œuvres de la révolution et pour vous, Monsieur, en particulier, je doute que vous ayez jamais réfléchi profondément aux devoirs de la place dont vous êtes revêtu.

Suivant moi, le premier de ces devoirs, c'est l'imme

partialité, puisque *commune, communauté*, signifie une *société de gens qui vivent en commun* ; or, on ne vit en commun qu'à de certaines conditions, à savoir, en première ligne, une égale répartition des charges et des bénéfices ; par conséquent le maire, l'homme de la commune, doit veiller à cette équitable répartition : il faut qu'il gère les affaires de la commune comme celles de sa propre famille. Hé bien ! Monsieur, est-ce là ce que vous faites quand vous permettez qu'une rue passagère devienne un impasse immonde, et que telle autre, on ne sait pourquoi, ou plutôt on le sait trop, soit incessamment en réparation. Si nous sommes soumis à une volonté arbitraire, qu'elle soit niaise ou capable, peu importe, je dis que nous n'avons pas même quelque chose qui se puisse appeler administration communale. Les passions particulières, substituées aux intérêts généraux, ont des inconvénients d'autant plus sensibles, que nous sommes encore dans la fermentation d'une révolution récente. Une attention paternelle à faire droit aux griefs ou à discuter au moins les plaintes des particuliers, servirait mieux le gouvernement que vous avez mission de faire aimer, que l'usage de cette dignité orientale qui attend, pour prêter l'oreille et s'émouvoir, l'éclat d'un scandale public.

En 1787, sous cet ancien régime tant calomnié, il y avait d'excellentes choses. Voici, par exemple, comment Louis XVI, le restaurateur de la véritable liberté, entendait les assemblées provinciales ; il voulait :

1° Que les membres qui les composeraient, fussent les véritables représentants des provinces, en sorte qu'il n'y eût pas un seul de ses sujets qui n'eût ou qui ne pût y avoir son délégué ;

2° Que l'administration de ces assemblées pût embrasser, par différentes divisions, toutes les parties des provinces, de manière que chaque paroisse eût son assemblée particulière, concourant avec l'assemblée provinciale pour faire le bien commun.

Il voulait encore, ce bon prince, que chaque citoyen ayant une propriété, concourût par son suffrage à former l'assemblée communale ; que cette assemblée servît à la régénération de l'assemblée provinciale ; qu'elle devînt *son œil pour l'éclairer et sa main pour exécuter* ce qu'elle croirait le plus utile au bien de la province ; ayant enfin le pouvoir de faire le bien de la commune, sans en avoir assez pour lui nuire.

Il y a loin, comme vous pouvez voir, de ces assemblées provinciales et communales de 1787 et des états-généraux de 89, formés par 6,000,000 d'électeurs, à la chambre des députés, aux conseils de département et d'arrondissement du régime actuel, œuvre de monopole et de centralisation, où le caprice et l'esprit de parti se disputent l'administration. Aussi, Monsieur, pour les employés municipaux, est-ce une

9

étude bien intéressante à faire que celle des procès-verbaux des assemblées du duché de Lorraine. Vous en particulier, Monsieur, vous pourriez y apprendre que l'entretien des routes se faisant par une prestation en argent, doit être dirigé par les moyens les plus propres à en alléger le poids ; ce qui ne veut pas dire de ne pas entretenir les chemins ou les rues, mais d'en ordonner les réparations sans autre guide que la justice ou la nécessité.

C'est encore un grave inconvénient, Monsieur, que le maire et les autres municipaux soient des hommes de parti, mais ce tort est moins le vôtre que celui de l'ensemble des administrateurs du département. Il en résulte que la mairie est un lieu de passage où l'on arrive non comme le plus capable, mais comme le plus dévoué aux intérêts du système gouvernemental ; ce système renversé, le maire doit changer à son tour, pour être remplacé plus tard dans les discussions les plus importantes de l'ordre public, par un homme qui ne s'est peut-être occupé toute sa vie que des détails de son négoce. Cet homme, est-il donc toute la sagesse et la capacité qui ne sont qu'accidentelles dans ce monde, ne pourrait encore rien pour le bien général, obligé qu'il serait de subir les exigences de son parti, et de remettre en quelque sorte pied à terre pour examiner chaque question.

Je termine, Monsieur, en vous répétant qu'il y a

urgence de réparer la rue des Augustins ; c'est compromettre votre autorité que de ne pas satisfaire à une nécessité incontestable. Si vous épuisez injustement cette autorité dans des questions sans valeur, elle manquera de force lorsqu'il serait important de la faire triompher.

Je suis, etc.

LA CHASSE DÉFENDUE EN TEMPS DE NEIGE DANS LES BOIS.

15 *Septembre* 1851.

Que ces chasseurs de Paris, de Bourgogne, de Touraine, de Bretagne, propriétaires de grands équipages et de grandes fortunes, que ces messieurs qui chassent à cheval et ont peur de se rompre le cou sur une terre glissante, aient demandé l'interdiction de la chasse en temps de neige, cela est bien naturel, mais que le ministre ait consenti une si partiale mesure, c'est ce qui paraît incroyable et ce qui se voit cependant placardé sur tous les murs de la ville.

Les provinces du Nord et de l'Est comptent apparemment dans la carte de France, les chasseurs y sont nombreux, mais ils chassent modestement à la bilbaude, sans meutes, sans limiers, sans veneurs ; si on leur ferme le livre des *ânes*, ils seront bientôt à bout de voie, et que deviendront-ils ? C'est alors que l'administration sera fatiguée de plaintes contre les loups enragés et les sangliers dévorants.

Les grandes forêts sont en général loin du chef-lieu ; on part la veille sur la foi de son baromètre et de son rhumatisme, et le lendemain, la nature a revêtu son linceul : il y a une feuille de neige ; le chasseur, honteux et confus, remonte dans sa charette, fait un affreux hourvari et revient chou blanc ; cela n'est pas un très-grand malheur, dira-t-on, mais si, vraiment, à cause des conséquences que cela peut avoir et que je développerai tout-à-l'heure.

Je comprends très-bien que pour que la loi qui interdit la chasse en plaine en temps de neige, ait toute son efficacité, il ne faut pas que les lièvres et les perdreaux qui se présentent à l'octroi puissent dire qu'ils ont été tués dans les bois ; mais ne suffirait-il pas d'interdire l'entrée aux perdreaux ? Les sangliers et les loups n'ont rien à voir dans cette affaire ; je livrerais même le passage aux lièvres, car enfin tout le monde n'a pas de fauves dans ses chasses, et il faut que tout le monde s'amuse.

Depuis quelque temps le ministre s'occupe beaucoup de chasse.

De soins plus importants je l'ai cru agité,

il a dernièrement, d'accord avec le ministre des finances, augmenté arbitrairement le kilog. de poudre. Comme le prix n'est pas en proportion avec les frais de production et avec le prix de la poudre étrangère, la contrebande se fait dans les villes et les campagnes avec une ardeur et un succès contre lesquels le zèle des douaniers est impuissant ; il vaudrait mieux ne pas forcer les citoyens à désobéir à la loi.

C'est encore le ministre qui a prescrit aux préfets de s'entendre avec leurs collègues des départemens voisins sur le jour de l'ouverture de la chasse. Si cela a le sens commun, si cela veut dire quelque chose, c'est sans doute que dans les départemens, dont les cultures sont similaires, l'ouverture devra avoir lieu au même moment pour ne pas faire de jaloux. Or, la Meurthe cultive, comme la Moselle, le colza, l'avoine et le froment ; le Nancéïen est frère du Messin à l'endroit de la betterave et du haricot, mais le sol de la Meurthe est plus froid que celui de la Moselle, les récoltes s'y font huit jours plus tard, il faut donc que la Moselle attende que la Meurthe soit prête ! Est-ce juste ?

De compte fait, voilà huit jours, et les meilleurs, enlevés à la chasse en plaine, qui dure trois semaines au plus ; sur la chasse au bois on a déjà ravi un mois. Si maintenant on ne peut plus chasser par la neige, et que d'ailleurs on ne chasse ni par la pluie ni quand les fleurs ont encore du parfum, il est évident qu'on ne chassera plus, et il serait mieux de le dire de suite. Ah ! M. le ministre, vous connaissez mieux le droit administratif que les préceptes et les aphorismes de Du Fouilloux et de La Conterie ; ces grands hommes ont déclaré que souvent, dans une saison, il y avait à peine quatre jours de pleine chasse et de beau revoir.

J'arrive maintenant aux conséquences de toutes ces innovations.

Le chasseur traqué, persécuté, mis dans l'impossibilité de jouir d'un plaisir chèrement acheté, renoncera à la chasse ; il fera autre chose de bien ou de mal, je ne sais ; mais les forêts ne se loueront plus, le trésor n'y gagnera pas, et les communes y perdront le plus clair de leurs revenus.

L'arquebuserie illustrée par les travaux et les inventions des Lepage, des Devismes, des Béringer, des Lefaucheux, etc., l'arquebuserie, qui a puissamment contribué à notre célébrité industrielle, l'arquebuserie va manquer d'encouragement et tombera en décadence ; les armuriers renonceront à un métier qui ne leur donne plus de pain, et les professeurs de trompe, après avoir mis un crêpe à leur instrument, sonneront la retraite forcée.

LA CHASSE DÉFENDUE EN TEMPS DE NEIGE DANS LES BOIS.

(Suite).

2 *Octobre* 1851.

Au bruit du canon, au milieu des vives préoccupations d'une gigantesque entreprise, Napoléon signait à Moscou la charte du Théâtre français ; cette coquetterie d'un vaste génie , qui veut embrasser les moindres détails, a été jugée quelque peu puérile. M. Léon Faucher veut imiter l'empereur; s'il le peut, il est dans son droit, et certes ce n'est pas·moi qui le blâmerai, seulement

> Quand sur une personne on prétend se régler,
> C'est par les beaux côtés qu'il lui faut ressembler.

Mais il ne suffit pas au ministre que nous croyions sa tête puissante de force à supporter, sans en être accablée, la révision, la prorogation, la double élection de 1852 et les attaques élyséennes contre la loi du 31 mai; il veut encore paraître se jouer des difficultés d'une situation pleine de périls, et son existence ministérielle n'est révélée aux sages départements de l'Est que par des arrêtés sur la tendue aux petits oiseaux et la chasse aux lièvres. *Plaudite cives !*

L'arrêté sur les moineaux a déjà été rapporté ; espérons que celui sur les lapins le sera également.

Croirait-on que la circulaire de M. Faucher, touchant les interprétations de la loi sur la chasse, circulaire qui a fourni tous ces arrêtés pris et repris, n'a pas moins de quinze à vingt pages, c'est une véritable brochure ; celle de M. Martin du Nord, garde des sceaux en 1844, en contenait à peine deux ; M. Martin était à la fois fort intelligent et un peu chasseur (l'un n'empêche pas l'autre). Un des alinéas de ses commentaires dispose : *la chasse en temps de*

*neige est tellement destructive, qu'il a paru né-
cessaire de donner aux préfets le pouvoir de la
défendre.* Il ne vint pas à l'idée de M. Martin que la
prohibition pût s'étendre aux bois, il n'en parla pas ;
les préfets l'entendirent comme lui, et la chasse *en
plaine* en temps de neige fut seule défendue. Mais
voici venir M. Léon Faucher et les tribulations commencent. Il écrit à ses préfets : Messieurs, quand vous
fermez la chasse en plaine en temps de neige, *il faut*
aussi la fermer dans les forêts, l'une et l'autre chasse
sont également destructives. Je prie M. le ministre
d'excuser ma hardiesse, mais il a prononcé là une
erreur cynégétique monstrueuse.

En plaine, un jour de belle neige et sans vent, on
peut tuer facilement tous les lièvres et perdrix d'un
canton ; en forêt, par le même temps, il est juste
plus aisé de tuer un loup ou un sanglier, parce qu'en
attaquant à coup sûr, on ne risque pas de faire mal-
à-propos vider les enceintes ; mais voilà tout. Quant
à suivre à l'étraque, lorsque le bois est chargé, un
lièvre et même un chevreuil, c'est la chasse la plus
pénible et la moins cuisinière : les braconniers ne la
pratiquent guère, ils en savent plus là-dessus que M. le
Ministre.

L'arrêté, s'il n'est pas rapporté, sera une source
intarissable de plaintes et de procès-verbaux. MM. des
tribunaux correctionnels ne doivent plus espérer un
instant de loisir ; qu'ils se le disent et taillent leurs

plumes. En effet, on découple dans la forêt de Briey où il n'y a pas de neige ; les chiens courants, qu'on n'arrête pas à volonté, se dirigent vers les bois de Saulny par les plateaux élevés de St-Privat lesquels sont tout blancs ; procès-verbal infailliblement, mais sera-t-on coupable ? Autre chose, je chasse par un beau soleil, la neige survient et mes chiens continuent leur poursuite ; procès-verbal bien mérité, mais en conscience serai-je passible des peines édictées dans la loi ?

Sous le bénéfice de ces ambiguités et des considérations qui précèdent, plusieurs préfets, notamment celui de la Meurthe, ont renoncé à faire une chose avantageuse plutôt que de commettre une ordonnance absurde et vexatoire ; ils n'ont interdit la chasse ni au bois ni en plaine. Voilà-t-il pas M. Léon Faucher bien avancé, et les perdrix lui devront bien de la reconnaissance. Hélas ! les Loups, les Renards, les Sangliers triompheront seuls de la malencontreuse mesure et bientôt l'on pourra dire encore :

> Hercule est sous la tombe, et les monstres renaissent.

PETITE CAUSE, RÉSULTAT IMPORTANT.

2 Août 1836.

> Les frais qu'on paie aux gens de loi
> sont pris sur les capitaux.
> *Administration forestière.*

J'hésite à dire que c'était en 1836, au siècle d'or,

au temps des ministres intègres et des fonctionnaires habiles ; mon histoire est bizarre, et pour qu'on la juge sincère, j'aurais voulu la commencer par ces mots : *Sous l'ancien régime*. De fait, mettez une bévue sur le compte de Sully, Colbert, Turgot, Necker, on vous croira tout d'abord. Montrez pièces en main que Thiers, d'Argout et leurs préfets font nombre de sottises et d'âneries, prouvez que les contribuables sont ferrés, bâtés, écorchés à tort et à travers, on criera au légitimiste, au républicain, à l'ennemi de l'ordre de choses. Sous peine d'être signalé comme frondeur, mauvais citoyen, il faut ne rien voir et se taire. J'ai quelquefois raconté sans déclamation, j'ai donné un tour bénin à ma censure, rien n'y fait. Aussi l'opposition s'éteint, non dans les cœurs, je le sais, mais sous les plumes ; la concurrence est parmi certains journaux pour louanger ceux qu'ils détestent et méprisent ; c'est à qui des libéraux se fera le plus pâle pour obtenir l'aumône ministérielle ; et dans un tel temps, n'est-ce pas sans crainte d'un procès de tendance que la *Gazette* de loin en loin ose dire avec le public, ceci est mal, cela est ridicule ; la dernière tentative ministérielle contre la presse est lâche autant que contraire à la charte, etc.

Mon exorde est long, je ne m'arrêterai pas davantage ; je commence un conte véritable. En 1836, dans le département de...., je ne le nommerai, parce que j'en connais le préfet ; brave homme qui fait quelque bien et se dispense du mal qu'il pourrait, chose rare ; il faut lui en savoir gré. *Quand tout le monde est larron, le meilleur est celui qui ne tue pas*, dit Paul Louis. Or donc, dans ce département de..... il y a une commune peu riche, en cela semblable à beaucoup, et dans cette commune un maire nommé par le préfet, le plus capable du conseil, non, mais le plus dévoué. Ainsi vont les choses dans notre pays de France, pour conduire un village, une ville, un régiment, criez bien haut, vive le roi ! cela suffit ; de la capacité on ne vous en demande pas. Témoin ce qui advint dans le village dont je parle. Un fossé, quelques toises seulement, depuis des années, n'avait pas été relevé ; la commune n'en souffrait, mais les terres voisines, souvent inondées, pâtissaient. Pour cela réclamation des voisins ! le maire décide sans regarder que le fossé ne sera pas relevé, que les terres n'en éprouveront pas de dommage. O l'habile homme ! les voisins, bonnes gens s'il en fut, offrent de faire la besogne à leurs frais, nouveau refus du maire ; l'explique qui pourra ; n'être pas obligeant quand il n'en coûte rien, en bonne foi c'est n'être pas de son époque. Appel des voisins à la justice ; demande du maire au préfet pour l'autorisation de plaider ; réponse du préfet, et chose inouïe, incroyable, le préfet, tuteur de la commune, ne s'inquiète de rien, et permet de courir les chances d'un procès pour 10 fr. en litige et moins encore. Qu'un procureur du roi apprenne qu'un homme gère mal la tutelle d'un mineur, il la lui retire, c'est son devoir ; un préfet par légèreté compromet la fortune de 200 familles, quel remède ! faut-il peut-être encore le bénir ! L'affaire s'entame, la commune perd, l'évidence était contre elle. Poussée par le maire, encouragée par l'approbation du préfet, elle requiert une seconde expertise des lieux et des faits. On lui octroie juges, experts, plans du terrain. Le maire évente le fort et le faible des témoins ; il quête des notables pour affirmer que jamais le fossé n'a été recreusé de mémoire d'homme : il accuse, à petit bruit, de complots, séductions, machinations, les partisans du fossé ; mais le tribunal n'y prend garde, et comme la première fois, conclut à ce qu'il plaise à la commune de faire relever ledit fossé, payer les frais, etc. Que, dans une question, des hommes consciencieux me condamnent, je me désiste, comme il se doit quand on a du sens ; mais le maire n'est pas sage, et traitant de gros mots et le jugement et la partie adverse, il veut tenter d'un nouvel aréopage ; aussitôt nouvelle descente de lieux, nouveaux témoins, renfort d'avoués, d'informations, frais énormes sans parler du scandale. Le tribunal, immuable dans sa décision, déclare encore qu'il plaise à la commune de faire relever ledit fossé, etc. Là-dessus, cris forcenés, hurlements du municipal et stupéfaction du préfet ; ce qui n'empêche pas qu'il ne faille régler les comptes. MM. les intéressés se présentent avec leurs bordereaux, mémoires, procès-verbaux, quittances, et 8,700 fr., ni plus ni moins, sont ce qu'il en coûtera à la commune pour avoir eu un maire et un tuteur qui ne sont pas de son choix.

Je reviens à mes moutons, et de ceci je tire une remarque, c'est que si le maire et le conseil étaient les hommes de la commune entière, et non d'une coterie à 15 ou 20 fr. d'imposition ; si en particulier le maire était le mieux faisant et non le mieux pensant, conseil et maire y regarderaient à deux fois avant de substituer leur entêtement et leur vanité aux lieu et place des intérêts communs.

Le préfet a donné 1000 fr. à la commune pour l'aider à payer ; si les conseilleurs étaient les payeurs, il aurait dû allouer davantage, mais de son argent. Toujours est-il que voilà 1,000 fr. mal dépensés ; ou je me trompe, ou ce n'est pas pour des primes aux plaideurs que nous remplissons péniblement la caisse départementale. Vienne maintenant un village brûlé ou grêlé, tendant la main, il sera frustré d'autant. Nous prêchons l'économie aux députés, aux maires, aux préfets, ils n'en tiennent compte. On jette l'argent par les fenêtres. Moi et bien d'autres désirons cependant tâter d'un gouvernement à bon marché. Ne verrons-nous jamais cette merveille tant promise ? On a retranché cette année 111,000 fr. sur le total des traitements de MM. les préfets ; c'est un *avis sa-*

lutaire qu'on leur a donné ; puissent-ils en avoir compris le sens !

Je me figure sans rire, car le malheur n'est pas risible, le pauvre maire présentant son budget de 1836. Les débats auront été orageux ; de quels beaux mots le dictionnaire se sera enrichi ! Quel moyen aussi de faire avaler 8,700 fr. à un conseil, puis à une commune : est-ce le quart en réserve ou la prairie qu'on aura hypothéqué ? ou bien se sera-t-on imposé extraordinairement ? qu'importe ! Le plus difficile a été, j'en suis certain, d'empêcher une émeute contre M. le maire. Moi qui ai l'honneur d'être conseiller de mon village, je vous le dis, nos paysans ne sont pas des sots. *Ils ne croient pas que plus on paie d'impôts, plus on est riche* (1) ; ils en savent là-dessus plus que tous les escamoteurs révolutionnaires. Diminution d'impôts est toute leur politique. Comment donc s'y sera-t-on pris ? Je ne le devine pas ; dans tous les cas, voilà une commune obérée pour plusieurs années sans que ni elle ni le gouvernement en profite. Beau résultat vraiment que celui-ci : pour 10 fr. une commune ruinée avec l'autorisation de M. le préfet ; aussi pourquoi ce magistrat ignore-t-il que les *frais que l'on paie aux gens de loi sont pris sur les capitaux ?*

(1) M. Thiers, discours à la chambre.

UNE CHASSE DANS LE PALATINAT.

4 Février 1856.

Dans le courant de janvier 185..., je reçus la lettre suivante :

« Cher Monsieur, j'ai loué non loin de Manheim,
» une excellente chasse, je vous offre à tuer douze
» chevreuils et 200 lièvres ; réunissez-vous à MM...
» et prenez le train de Mayence, vous serez à 5
» heures à Mutterstadt, où vous attendra un bon
» dîner bavarois avec accompagnement de bière ou
» de vin du Rhin, à votre choix »

Malgré soixante lieues à faire et les visites des douanes à subir, la proposition était trop séduisante ; nous partimes chargés de cartouches et de nos fusils à bascule, qui font merveille dans ces étourdissantes battues d'Allemagne.

Le dîner était ce qu'on avait promis, Bavarois pur sang : soupe blanche aux boulettes équivoques, choucroute à la purée de pois, veau pas cuit et pas né, et plusieurs autres choses d'une saveur étrange, qui rappelait peu les ragoûts de Doix, de Philippe et des Provençaux. Les lits d'auberge en Bavière sont aussi remarquables ; ils n'ont point de draps, ou il n'y en a qu'un, ou enfin il y en a deux, mais dans ce cas, celui de dessus, semblable à une ser-viette, n'abrite pas les pieds, vous vous éveillez avec ce morceau de toile autour de la tête en manière de turban. Mais laissons ces détails, nous n'étions venus ni pour dîner ni pour dormir, ce qui cependant ne gâte jamais rien, mais pour chasser ; je passe donc sans plus de retard à la grande affaire du lendemain.

Le rendez-vous était à 8 heures, les représentants de la cynégétie messine furent exacts, mais malgré tout, nous arrivâmes les derniers. Nous avions été devancés par quelques chasseurs du pays, qui ont, pour ces réunions, une manière d'uniforme consistant en une tunique grise, doublée en vert, et un petit chapeau à fond bas, en feutre, également vert. Les élégants portent sur ce chapeau une cocarde en rubans, au cœur pailletté d'or et d'argent, ou bien une horrible tête de chouette, entourée de plumes d'oiseaux divers. Les sacs de ces Messieurs, d'un goût problématique, comme leurs cocardes, avaient un dessus formé par l'assemblage de peaux de pieds de chevreuils. Il y avait aussi au rendez-vous les gardes forestiers et les gardes généraux, qui sont les véritables ordonnateurs des battues. Il faut d'abord leur rendre cette justice, qu'ils s'acquittent à merveille de leur charge ; tous les mouvements et les marches ont une précision mathématique admirable ; on ne fait jamais un pas inutile et on ne *drogue* que le temps rigoureusement nécessaire.

La traque commença par des petits bois, ce n'est pas le côté aimable de l'affaire. On trouve dans ces buissons peu de lièvres, point de renards et beaucoup de chevreuils ; entendons-nous, beaucoup de chèvres, que l'on ne peut tirer sous peine de 125 fr. d'amende et d'un procès ; cela n'est pas gai, il faut s'abstenir et subir le supplice de Tantale. On traque dans ce pays sans s'inquiéter du vent, et les rares brocards qui rebroussent volontiers, n'y manquent jamais quand le vent est contraire, aussi meurent-ils tous de la main des gardes que l'on a grand soin d'intercaler entre les rabatteurs.

En France, tous les soins, les attentions, les postes supposés les meilleurs, sont pour les étrangers et les invités. En Bavière, il n'en est pas tout-à-fait de même ; les gardes généraux nous ont toujours donné consciencieusement les plus détestables passages. Mais pourquoi les blâmerai-je d'avoir plus de sympathies pour leurs compatriotes ? je n'en ai nulle envie ; ce que je ne leur pardonnerai pas, c'est, à l'un, lorsqu'il me plaçait mal, d'avoir levé ses grands yeux, au ciel, comme pour prier Dieu de l'absoudre des meurtres que j'allais commettre, au second, d'avoir mal dissimulé dans sa moustache un sourire narquois qui semblait dire : aimable français, si tu tues là quelque chose, je veux que le diable m'emporte.

Dans les battues en pleine, il n'y a pas à priori de bons ou de mauvais postes, le tout dépend des lièvres et du hasard. Voici comment les choses se passent. Quarante rabatteurs se partagent en deux bandes, l'une file à droite, l'autre à gauche, laissant chacune de cent pas en cent pas un homme sur le périmètre du terrain à parcourir ; quand les deux chefs de colonnes se rencontrent, l'enceinte est fermée et le massacre va commencer ; pendant ce temps les chasseurs s'échelonnent à leur tour, sur la corde de la portion de circonférence tracée par les traqueurs.

Dans ces simples préparatifs, il y a sans doute quelque chose de solennel, quelque chose de particulier qui passe dans l'air, car ils ne sont pas à moitié terminés que vous voyez un lièvre galoppant en tous sens sur le champ de bataille. C'est ordinairement un vieillard à barbe blanche qui a miraculeusement échappé aux cruelles épreuves de la traque. Quand il a pu juger que ses funestes pressentiments ne l'ont pas trompé, il se rase et disparaît. Mais les premiers cris se font entendre, le pauvre lièvre se montre de nouveau, et, comme un général d'armée, il court des chasseurs aux traqueurs, des traqueurs aux chasseurs, toujours en se maintenant à une distance respectueuse, et pour reconnaître, s'il est possible, les endroits faibles de la terrible enceinte. Chemin faisant, il rencontre un premier lièvre il lui dit quelques mots à l'oreille et ils se remettent en route de conserve ; plus loin ils se joignent à tous ceux que la peur met en mouvement.

Mais les cris sauvages se rapprochent, les premiers coups de fusil se font entendre ; le désordre

éparpille l'armée, le vieux général, abandonné par
ses soldats, verse des larmes de rage et songe à sa
sûreté personnelle; le tohu-bohu devient général,
cris des lièvres mourants, cris des rabatteurs, coups
de fusil, tout se confond; les traqueurs et les tireurs
sont à peine à cent mètres les uns des autres, un
bal à l'opéra à quatre heures du matin, ne présente pas
un pêle-mêle plus animé; c'est l'instant critique pour
les uns, l'instant joyeux pour des êtres qui se disent
créés à l'image de Dieu. Il faut prendre un parti.
Quelques unes des victimes devouées ne songent
plus à défendre leur vie, elles errent à l'aventure devant la ligne des tireurs jusqu'au moment où atteintes
d'un plomb mortel qui les envoie à l'inévitable tourne-
broche, elles accomplissent leur misérable destinée.
Ceux qui ont le sang le plus chaud se précipitent
dans l'abîme. Mais ni leur courage, ni leur jeunesse,
rien ne peut les sauver que la maladresse de leur
ennemi; les plus rusés sont flairés, ils espèrent
n'être pas découverts, ils se trompent, les traqueurs
rompus au métier, les font partir; par un effort dé-
sespéré, quelques-uns forcent la ligne des traqueurs
et survivent à la catastrophe pour la reproduction de
l'espèce et l'instruction des générations futures; parmi eux je reconnus le vieux général; un vivat parti
de toutes les bouches françaises, glorifia son courage,
ses fortes études stratégiques et son bonheur; le soir
nous bûmes à sa santé.

Maintenant pourquoi y a-t-il tant de lièvres dans les plaines du Palatinat? C'est que tout le territoire quelconque d'une commune est loué très-cher au profit de cette commune ; c'est que les avantages que la location rapportent sont si considérables, que les habitants acceptent volontiers les inconvénients d'une grande multiplication de rongeurs ; c'est que les délits de chasse sont sévèrement réprimés ; c'est qu'enfin l'emploi du chien courant est repoussé par la coutume et la loi.

LES FLÉAUX POLITIQUES.

6 *Août* 1842.

Le monde météorologique est plein de fléaux, la grêle, la sécheresse, la foudre, etc., contre lesquels on n'a trouvé d'abri que dans les compagnies d'assurance. N'y aurait-il pas moyen d'assurer les partis contre les fléaux politiques? je souscrirais de grand cœur. J'appelle fléaux politiques, les hommes qui ne sont jamais de votre avis, ni même de l'avis de leur propre opinion ; ces hommes immaniables ont deux mobiles de leur conduite : chez les uns, c'est un travers d'esprit, il faut les plaindre ; les autres sont guidés par la poltronnerie, la jalousie, l'avarice ; il faut les flétrir.

Je connais des républicains qui *au bon temps* n'ont jamais eu un denier pour les Grecs, ni une obole pour le *Champ-d'Asile* ; j'en connais d'autres qui aujourd'hui ne blâment pas la condamnation pour fait *de conspiration morale* de M. Dupoty et qui ne sont pas davantage hostiles aux lois de septembre ; en un mot ils sont républicains à condition que la république ne surgira jamais.

N'avons-nous pas vu il y a trois mois des justes milieu refuser leur voix au candidat ministériel, parce que, disaient-ils, la préfecture ne les avait pas consultés dans son choix, et tout récemment les mêmes hommes repousser un candidat conservateur parce que la préfecture, cherchant à garder une sorte de neutralité et à ne blesser personne, ne proclamait pas celui qui inspirait le plus de confiance au pouvoir.

Le parti royaliste n'est pas plus que les autres à l'abri de cette calamité d'hommes indépendants par contrariété ou par peur.

X...., dans ce genre, est le type des fléaux. Si vous lui apprenez que le but qu'on se propose est de voter pour un homme indépendant sans acception de parti ; oh ! oh ! dit-il, il paraît que nous marchons à la république, ce n'est pas mon affaire ! — *Si vous* réclamez sa voix pour un dynastique honnête, sans ambition.... Ah çà ! répond-il, allons-nous donc au torysme, je n'en suis pas... Si enfin vous lui dites : vous savez que dans tel collége il n'y a pas de choix possible pour les royalistes, écrivez à un tel de s'abstenir ; en vérité, vous répond-il , je n'en ferai rien ; ne comprenez-vous pas que les partis n'existent que par le mouvement, il est important qu'ils s'agitent, qu'ils usent de leurs droits, un parti qui émigre à l'intérieur est un parti mort.

Nos lecteurs savent que depuis la législation sur les annonces judiciaires et le parti pris par les cours royales, la plupart des journaux de département ne se soutiendraient pas avec les seules ressources de leurs abonnements et que le concours généreux des partisans de l'opinion qu'ils représentent leur est indispensable. Eh bien ! adressez-vous à X... ; ma foi non, vous répondra-t-il, je ne donnerai rien cette fois (il n'a jamais rien donné), notre feuille suit une marche qui ne me convient pas, ses colonnes sont remplies d'articles de morale et de religion, on dirait d'un journal de sacristie.... ; et puis au moment des élections surtout, il faut un peu de piquant dans la discussion. Six mois après vous revenez à la charge : pourquoi dira-t-il, soutiendrais-je une publication qui s'écarte de son programme ; de la politique, toujours de la politique, ce n'est pas cela dont nous sommes convenus ; morale, prudence, modération, ne sortons pas de là ; il faut moraliser le peuple, avant de lui apprendre son catéchisme politique : d'ailleurs je vous confesse que je blâme fortement le caractère personnel des derniers numéros, il ne faut discuter que les principes.

X... s'exprime en bons termes sur les hommes célèbres de son opinion, mais il y joint toujours une réflexion calomnieuse ou attristante. Berryer c'est Démosthène, mais est-on bien sûr que.... Laurentie et Moreau soutiennent la liberté de l'enseignement avec une rare habileté, mais ne sont-ils pas un peu trop exclusifs? X... aime la placidité et la dignité de l'éloquence du marquis de Dreux-Brézé, mais il craint que sa faible santé ne résiste pas aux épreuves de la vie parlementaire; Béchard lui plairait s'il était moins pétulant; le duc de Valmy n'est pas sans mérite, la lettre à ses commettants aurait dû servir de modèle à M. A..., à M. R...; mais... Genoude, par exemple, Genoude c'est son homme, volontiers il le verrait cardinal, pape même, mais il regrette qu'il hasarde sa robe noire dans les luttes de la presse; enfin il adore M. de Villeneuve, et il a encore le malheur de trouver qu'il manque quelque chose à cette vertu si pure.

> Mais peut-être j'invente une fable frivole;
> Démentez donc tout Metz qui, prenant la parole,
> Sur ce sujet encor de bons témoins pourvu,
> Tout prêt à le prouver, *vous* dira : je l'ai vu.

Survient-il une discussion entre les principaux organes du parti auquel il dit appartenir, le fléau fait élection de domicile dans la rue la plus fréquentée de la ville, près d'un de ces carrefours où se croisent en tous sens les hommes politiques, les chefs de parti.

Un républicain passe-t-il, il court à lui : Bonjour un tel, eh bien ! qu'en pensez-vous ? vit-on jamais rien de plus scandaleux ?... que vous êtes heureux, vous autres, il ne se passe rien de semblable dans votre intérieur ; (X.... oublie les querelles furieuses du *Journal du Peuple*, de la *Tribune*, du *National*), vous allez paisiblement à votre but, en vrais frères et amis... Mais voici venir un conservateur : ah ! ah ! je pleure et vous riez, cela ne m'étonne pas, le parti légitimiste vient de se suicider à votre profit... Si un royaliste se présente à son tour, le thème change de nouveau : Ah ! mon cher (on est toujours *le cher* du fléau quand il va dire une perfidie), vous me voyez le cœur navré. A quoi, donc ont songé nos amis de Paris ! dans quel but une sortie si intempestive, eux toujours si prudents, si habiles, si unis ? Mais maintenant que le gant est jeté, il faut prendre parti et se rallier franchement. A quoi ? demandez-vous humblement, est ce au mandat impératif de l'un ou au mandat facultatif de l'autre et qui tient compte des circonstances ou des localités ? Vaine question, le fléau ne se prononce jamais. Vous lui faites observer que la discussion ne porte que sur une question de forme, et que tout le monde est d'accord sur le fond, sur l'élection à plusieurs degrés, etc., etc. Il insiste sur un parti à prendre, mais lequel ?... jamais le fléau ne vous le dira, et il ne dépendra pas de son humeur haineuse et de son caractère tracassier

qu'une querelle de mots ne devienne une guerre in-
testine.

Dans les questions bien plus d'humanité que de
politique, le fléau est toujours le même. Un jour ren-
contrant ce bon M. X..., je lui dis : on vient de
m'apporter la liste de souscription pour les orphelins,
c'est une œuvre admirable, j'ai engagé le commis-
sionnaire à la porter chez vous. — Vous avez eu
tort, *mon cher,* me répondit-il, j'applaudis à ce
nouvel élan de la charité, mais je ne puis suffire à
tout, d'ailleurs j'ai les pauvres de mon quartier,
puis ceux de mon village; (X... a 40,000 livres de
rentes), je compte donner mon offrande aux orphe-
lines. Le lendemain je lui envoyai le registre des or-
phelines; que me proposez-vous, s'écria-t-il ? j'ai
appris qu'une des jeunes filles sorties de cet établissement, s'était mal conduite; vous voulez donc me
faire encourager l'immoralité, allez, vous ne me
connaissez pas; et il poussa le malencontreux mes-
sager à la porte.

Ce que ce vertueux M. X... pratique pour les orphelins il le fait pour toutes les autres œuvres. Il
ne souscrit pas à Saint-Vincent de Paul, parce que
St-Vincent de Paul est assez riche; il ne donne rien
à St-François Régis parce que cette institution n'a
pas d'avenir; il refuse 50 centimes aux malheureux
Espagnols parce que rien ne lui garantit que cette
magnifique offrande ne sera pas détournée de son but.

Les écoles des frères ont un caractère politique, elles n'auront rien ; si la Syrie n'avait pas eu une physionomie exclusivement religieuse le comité aurait reçu de lui des monceaux d'or, mais telle qu'elle est les infortunés chrétiens ne lui auront pas l'obligation d'un morceau de pain.

Voilà le fléau politique des royalistes ; celui de la république et du juste-milieu se peindrait, à quelques nuances près, avec les mêmes traits. Ainsi le fléau en général n'est bon à rien, mais ce qui est mille fois pire, il est nuisible à tout ; le parti auquel il fait semblant d'appartenir (le fléau n'appartient qu'à lui), a plus à souffrir de lui que de ses ennemis déclarés. Le fléau ne se tait pas, il parle, parle toujours ; il a la conscience de son infamie, aussi s'en va-t-il partout calomniant son opinion et livrant les secrets politiques que d'honnêtes gens lui ont confiés.

Je termine comme j'ai commencé, en priant le ciel de permettre l'organisation d'une assurance contre le fléau politique.

———

MONSIEUR SPONVILLE.

15 Avril 1857.

La mort vient d'enlever à la chasse, à l'amitié, à la bienfaisance, le doyen des chasseurs de la Moselle et le prince des tireurs, M. V. Sponville a succombé à l'âge de 82 ans, à une affection pulmonaire. L'année dernière encore, il a tué plusieurs alouettes au miroir et quelques lièvres aux chiens courants ; que Dieu daigne accorder à nous et à nos frères en Saint-Hubert un coup d'œil aussi sûr et une telle vieillesse exempte d'infirmités !

Le père de M. Sponville était intendant du duc de Choiseul pour la ferme et seigneurie de Chambley, il élevait son fils près de lui et l'initiait aux nobles déduits de l'art cynégétique, quand la révolution éclata et vint porter le trouble et la crainte dans les habitations les plus modestes et les plus reculées ; le fils courut à l'armée et s'enrôla dans l'artillerie. Le père, effrayé des suites sinistres de l'orage populaire et se sentant mourir, cacha dans le bois des Hares, près de Chambley, sa fortune mobilière qui ne fut jamais retrouvée par ses héritiers. A sa première campagne sur le Rhin, la première fois qu'il vit le feu, Victor Sponville eut la jambe labourée par un boulet. Boiteux, malade, dégoûté de la gloire dont il n'avait pas le tempérament, il fut réformé et renvoyé dans son village avec une petite pension. Après s'être mis en possession de la maison paternelle et de quelques champs qui avaient été respectés, il se maria en premières noces avec une excellente jeune fille de Troyon. Avec elle entrèrent dans la maison la bonté, les sentiments vrais, et Chambley devint un rendez-vous de chasse très-agréable ; l'hospitalité la plus cordiale, et un confortable sans prodigalité, celui qui met à l'aise et invite à revenir, ne faisaient jamais défaut aux visiteurs.

M. Sponville avait beaucoup de bon sens et à un degré supérieur l'esprit d'observation ; il savait sur les mœurs des animaux des choses fort curieuses qui auraient été une bonne fortune pour un ornithologiste ; il racontait d'une façon très piquante, et quand le mot propre lui manquait, il en inventait de fort plaisants mais pas encore acceptés par l'académie. Pourquoi ne le dirai-je pas ? il y a telle histoire de sanglier furieux, de canard volé que j'ai entendue dix fois et toujours avec un nouveau plaisir. Sa femme pensait de même ; aussi quand la conversation languissait, ce qui était rare, elle ne manquait jamais de dire : « mon ami, contez donc à ces messieurs l'histoire du gros sanglier, vous la dites si bien. »

Les idées de M. Sponville étaient originales, elles empruntaient à l'imprévu un cachet particulier qui les rendait divertissantes ; j'en veux citer deux exemples :

Par une journée d'excessive chaleur de septembre 1834, deux jeunes écoliers quittèrent à pied et au point du jour la petite ville d'Etain pour se rendre à Chambley ; ils y arrivèrent à 11 heures (il y a 7 lieues), et allèrent sans retard frapper à la porte de M. Sponville leur oncle. Celui-ci les embrassa affectueusement, puis, sans même leur laisser une minute pour respirer, il leur dit: mes enfants, vous arrivez fort à propos, il y a là un cent de fagots qui encombrent l'entrée, les domestiques sont occupés ailleurs, allez les ranger sous le hangard. Comme cette invitation était faite d'un ton qui ne laissait point de réplique, les pauvres petits s'en furent dans la remise. M. Sponville, devinant le résultat probable, les suivit discrètement et prêtant une oreille attentive, il entendit l'antienne suivante : « Eh bien! qu'en penses-tu? Ah! le brigand, le pendart, il croit que nous sommes venus d'Etain pour porter ses fagots, le joli métier, les belles vacances ! tu disais que c'était un bonhomme, ce n'est qu'un vieux grigou. Aussitôt que j'aurai repris haleine, je me sauverai plutôt que de rester un instant de plus dans cette abominable maison. » Là-dessus les deux espiègles se mirent en devoir de partir, mais la figure rébarbative de M. Sponville leur barra le passage : je suis charmé, leur dit-il, de voir comment vous travaillez et avec quel respect vous parlez de votre oncle ; suivez moi. Sans ajouter un mot de plus, il les conduisit dans la salle à manger où un bon diner et de joyeux propos eurent bientôt réconcilié leur estomac et leur esprit avec leur facétieux parent.

Une autre fois il revenait d'un village voisin dans une de ces charettes à un cheval qui furent jadis un signe d'opulence et qui aujourd'hui seraient méprisées par le plus humble laboureur, quand il aperçut dans

la plaine un jeune imprudent qui fusillait les perdreaux comme s'il eût été dans un parc. Le parti de
M. Sponville fut bientôt pris, il feignit de dormir et
dirigea son cheval à travers champ vers le chasseur.
Celui-ci croyant à un ivrogne et à une chute immi-
nente, se précipita au-devant de la voiture, mais il
fut bien surpris de voir se dresser devant lui un
colosse de 5 pieds 10 pouces, d'une maigreur de
Lazare avec les épaules athlétiques et un nez proémi-
nent, en un mot, conforme à l'idée que nous nous
faisons du héros de Cervantes ou du capitaine Rolando
de Lesage. « Monsieur, lui dit M. Sponville, vous
êtes sur les terres de Chambley, la chasse n'est pas
ouverte, et je suis le maire de la commune, par ces
raisons je vous signifie procès-verbal et je vous invite
à vous placer près de moi. M. X. qui est aujourd'hui
un homme fort réservé et fort recommandable, m'a
raconté cent fois qu'il avait été tellement interdit à
la vue de cette apparition qu'il n'avait pas même
songé à fuir, à gagner la forêt et qu'il était docile-
ment monté dans la charette, n'ayant plus qu'un
souci, celui de dissimuler son sac rebondi aux yeux
du terrible maire. Arrivé à Chambley, M. Sponville
ordonna d'aller chercher le greffier, puis ayant fait
passer la victime dans sa chambre, il la prêcha sur
la légèreté de sa conduite, sur le respect de la loi et
de la propriété et sur les égards qu'on se doit entre
chasseurs, etc. Le sermon dura jusqu'à ce que le

greffier vint dire : le procès-verbal..... non je me trompe, la table est dressée et le dîner nous attend. A ces mots, M. le maire quitta son air impassible, son visage s'illumina, et tendant la main à son jeune compagnon, il le fit asseoir à sa droite ; le dîner fut gai, on rit beaucoup de la peur de M. X. et de la manière parfaite dont M. Sponville avait rempli son rôle de magistrat municipal. Depuis lors, ces deux excellents chasseurs sont restés de bons amis.

M. Sponville me disait souvent : vous voyez ces plaines aridés et tristes, ces côteaux pelés, eh! bien, tout cela était bois autrefois. Ici était Buxières, là les Hares, plus loin Azeilles et Machelois, de ce côté la Tuilerie, là bas le bois la Dame, *ils* ont tout défriché ; nous n'avons pas davantage de blé, parce que les terres sont médiocres et qu'on manque de bras et d'engrais, mais en revanche, les hivers sont plus froids et le chauffage très cher. Ce que j'ai tué de gibier dans le bon temps est fabuleux ; indépendamment des loups, sangliers, chevreuils, renards détruits par moi dans ces diverses forêts depuis 1800 jusqu'en 1830, je crois très-sérieusement que les lièvres suffiraient à couvrir la route de Chambley à Metz, — Excusez du peu, il n'y a pas moins de 25 kil. — Je ne prétends pas faire de ce fait, un titre d'éloge ou de blâme, je le cite pour montrer aux pauvres diables qui courent aujourd'hui une semaine entière pour rencontrer un lièvre, combien, à l'époque dont je parle, le *métier* était plus facile et plus agréable.

M. Sponville était conservateur à sa manière, Dans un temps où l'impunité des délits de chasse était acquise à tout le monde et particulièrement aux maires et aux militaires en retraite, il déposait consciencieusement son fusil le 1er mars. Durant cet intervalle il s'occupait de ses affaires, il cultivait ses fleurs et son jardin, puis il donnait les soins les plus assidus aux intérêts de sa commune; il a été maire de Chambley pendant quarante ans; des plantations très-productives d'arbres fruitiers, des fontaines, des abreuvoirs, une maison d'école, un lavoir créés par lui, conserveront pendant de longues années encore sa mémoire chère et honorée parmi les habitants.

Nous tous qui l'avons connu, nous conserverons aussi dans notre esprit le souvenir de ce type original qu'on gâterait en voulant l'imiter, et dans notre cœur le souvenir impérissable de l'homme serviable et affectueux.

UNE HÉRÉSIE CULINAIRE IMPARDONNABLE.

Juillet 1856.

A M. le Directeur du *Journal des Chasseurs* :

« Monsieur le Directeur, ces jours passés l'ombre d'Elzéar Blaze m'est apparue: sa démarche était grave, son air solennel. Je crus un instant que, déchirant le voile de l'avenir, il allait me montrer les Turcs......... les Anglais........ et la France, dans son ascension glorieuse, contenant les superbes et couvrant d'une protection juste et efficace les Etats secondaires du nord et du midi de l'Europe. Hélas ! il n'en était rien ; *de soins plus importants* notre maître, de gastronomique mémoire, était agité : « Prends ceci, me dit-il en me tendant le numéro du 30 juin du *Journal des Chasseurs*; il y a là deux hérésies culinaires qu'il faut se hâter de rectifier. A quoi donc songe Léon Bertrand, mon fils bien-aimé, d'autoriser de telles erreurs ? A-t-il donc oublié cette éternelle vérité par moi proclamée : Celui qui découvre un plat nouveau, celui qui met en circulation une consommation saine et agréable, celui-là a plus fait pour son pays que le guerrier qui l'enrichit d'une ville et même d'une province ; j'ai dit. » A ces mots l'ombre mélancolique disparut, laissant après elle l'odeur pénétrante d'un salmis de bécasses selon la méthode des pères Bernardins.

« Je m'empressai de feuilleter le journal indiqué, et je découvris sans peine que les reproches du professeur s'adressaient à M. J. C., auquel cette revue emprunte de temps à autre des épisodes intéressants sur les chasses des îles Baléares. M. J. C. déclare que le râle d'eau est détestable ; oui, le râle d'eau ordinaire (*rallus aquaticus*) ; mais le petit râle d'eau, la marouette (*gallinula maculata*), celui dont il parle, qui a le plumage grivelé, non, mille fois non ; un rôti de marouettes tuées le matin et servies le soir, arrosées du jus d'une orange amère, est un mets d'une haute saveur ; et, à cause du plaisir que m'a quelquefois procuré M. J. C., je lui souhaite de se trouver en tête-à-tête avec un tel rôti.

« La seconde hérésie signalée, est de dire que la macreuse est également immangeable ; mais, avant tout, je crois qu'ici il y a une faute ornithologique, et que la macreuse (*anas nigra*) a été confondue avec la foulque, macroule, morelle (*fulica*). En effet, M. J. C. prétend avoir tué des macreuses dans des étangs de l'île Majorque, et cependant elles ne quittent les mers les plus septentrionales que dans des circonstances tout à fait exceptionnelles ; ce qui a pu aider à la confusion, c'est que les deux palmipèdes sont noirs, de la même taille, et que l'écusson du bec de la morelle devient d'un rouge vif dans la saison des amours et assez semblable à la caroncule de la macreuse. Mais macreuse ou morelle, il importe peu, puisque la chair de l'une et de l'autre est identique, aussi mauvaise ou aussi bonne, suivant qu'on sait s'y prendre en l'accommodant.

« La chair de la morelle est huileuse et sent le marais, et il faut un estomac robuste pour en accomplir la digestion ; mais, comme c'est dans la peau que résident ces défauts essentiels, écorchez les mo-

relles et vous aurez un excellent gibier qui, se mangeant en maigre, aura de plus le mérite de jeter
quelque variété dans la monotonie des dîners du
vendredi.

« Que M. J. C. vienne en Lorraine à la fin d'octobre, qu'il aille planter le piquet dans l'un des villages qui avoisinent les étangs de Saint-Benoît, de la
Chaussée, de Bonconville, et dans la moindre guin-
guette, on lui servira un rôti ou une étuvée de morelles écorchées dont il conservera un bon souvenir.
Nos paysans en usent de même à l'endroit des cor-
beaux, et, en les préparant *secundum artem*, ils
en font une soupe qui a son mérite. Je ne prétends
pas à un brevet d'invention ; je crois même qu'il
faudrait remonter loin pour reconnaître l'auteur du
procédé. En effet, j'ai découvert déjà quelques traces
de l'écorchement des morelles, dans de vieux par-
chemins relatifs à l'abbaye de Saint-Bénoît, à la fin
du quinzième siècle, alors que l'excellent Charles III
gouvernait la bonne Lorraine avec *prudence, sagesse, économie* et *fermeté.* »

ROUTE DE NOMENY (MEURTHE).

10 *Septembre* 1851.

Quand quelques communes éprouvent le besoin de
se rapprocher et d'augmenter leurs moyens de trans-

port, elles adressent une demande *ad hoc* au conseil général de leur département frontière, et alors ce conseil général vote une route départementale ou de grande commuuication; et quoiqu'il ne soit ni très-viril ni très-français de laisser croire au pays que son salut tient à l'existence de quelques kilomètres de route, on conçoit, à un certain point, que le vote du conseil général doive être soumis à l'approbation du comité de défense du territoire de la République; mais quand la route est votée, exécutée, est-il juste, est-il prudent d'ordonner, au risque d'irriter les populations, la destruction de la voie nouvelle? Ce n'est pas un prétexte suffisant de dire que le projet a été mis à exécution sans l'autorisation du comité; les populations intéressées à la question n'y peuvent rien et ce n'est pas leur faute si les préfets n'ont pas suivi les règlemens.

...C'est cependant ce qui arrive, au sujet de la route de grande communication de Pont-à-Mousson à Faulquemont (n° 6 dans la Meurthe et 26 dans la Moselle.) Cette route existe depuis quatre ans; l'administration a prodigué les promesses et les tendres cajoleries aux villages et aux particuliers; des communes se sont imposées extraordinairement; des propriétaires ont aliéné, vendu, donné une partie plus ou moins considérable de leur héritage; en vue d'une circulation plus facile, mille intérêts nouveaux ont surgi; des cabarets, des auberges, des fermes, des usines ont été bâtis; des baux, des transactions ont été modifiés; et aujourd'hui le comité de défense ordonne la destruction de la route ou son abandon complet. Si nous sommes bien renseignés, M. le préfet de la Meurthe aurait déjà fait enlever les matériaux préparés pour l'entretien d'hiver.

Ne pourrait-on pas atteindre le but qu'on se propose en faisant prendre aux communes l'engagement de rompre la route en vingt-quatre heures, en cas de guerre avec la Prusse ?

Nous soumettons cet avis à qui de droit et nous prions humblement nos généraux de ne pas oublier que :

... trop de prudence entraîne trop de soins.

FORÊTS COMMUNALES.

22 *Octobre* 1851.

La mémorable année 1851 aura eu cela de particulier, qu'on s'y sera exclusivement occupé des éventualités de 1852. Brochures, journaux, mémoires, feuilles à la main, traitent exclusivement de politique générale, et les administrations oubliées dorment en paix, comme s'il n'y avait plus d'administrés pour se plaindre ni de critiques pour enregistrer les griefs. Cependant on remarque bien encore par ci par là quelques abus universitaires; les ponts-et-chaussées ne sont pas, je suppose, exempts de blâme quand ils multiplient jusqu'au ridicule les bornes sur les routes nationales, et qu'ils font et défont tous les ans les règlements sur la plantation des arbres; les bons actionnaires ont sans doute encore des reproches à adresser aux chemins de fer pour le luxe de leur personnel et leurs prodigalités architecturales, et les eaux-et-forêts continuant à porter la hache dans les bois, n'autorisent-ils par les mille cris qui s'élévent contre leur système uniforme de destruction? (C'est le mot qu'on emploie.)

Le silence sur des travaux publics en général tient à une raison digne d'éloges: nul ne veut troubler pour des motifs secondaires, le travail d'union qui se fait entre des camps jadis divisés; et pendant que les partis se rapprochent par des sacrifices d'opinion et l'oubli du passé, on serait mal venu à entretenir la discorde, en jetant le dénigrement sur les serviteurs de sa propre cause.

Cependant, il y a des intérêts si précieux qu'il n'y a point de prétextes pour les laisser en souffrance. Des considération de paix et de bon accord, si respectables d'ailleurs, ne doivent pas empêcher de les défendre et de les protéger si on les croit compromis. De ce nombre sont, sans conteste, les intérêts financiers des communes.

La centralisation administrative, une des plaies les plus vives de notre époque, une de ces calamités révolutionnaires et illibérales contre lesquelles, dans des temps plus tranquilles, il faudra employer le fer et le feu, la centralisation a retiré aux communes la gestion de leurs biens pour la remettre aux mains multiples du préfet, du percepteur, de l'agent-voyer ; ses bois sont naturellement échus à l'administration des eaux-et-forêts, et l'on peut déjà prévoir le moment où les charges que cette administration fait peser sur les affouages absorberont au-delà de leur valeur.

Si l'intervention des eaux-et-forêts se fût bornée à l'aménagement dès bois communaux et à la délimitation des coupes, personne n'y aurait trouvé à redire ; mais ce n'était pas assez pour une administration qui a une école et des professeurs ; il était nécessaire de montrer qu'on s'était affranchi des vieilles routines de la vieille gruerie. On se mit donc à percer à tort et à travers de grandes lignes qui ont jusqu'à 6, 7 et 8 mètres de large, et on les a multipliées outre mesure, de sorte que des bois de 40 à 50 hectares ont environ deux hectares employés en routes nouvelles. Encore si l'on avait replanté les anciens chemins, comme l'eût fait une administration paternelle !

Beaucoup de ces voies nouvelles sont superflues, nous l'avons dit ; plusieurs sont ridicules, elles viennent aboutir ou sur des fondrières, ou sur des rochers, ou sur des terrains marécageux, elles sont impraticables non seulement aux voitures, mais même aux piétons; aussi quand elles sont bien nettoyées, bien nivelées et surtout bien payées, il n'y a plus qu'une chose à faire, c'est de les laisser se refermer, et c'est ce qu'on peut voir dans maints endroits.

Ces lignes bonnes ou mauvaises, utiles ou superflues, l'administration exige qu'elles soient bordées de fossés d'un mètre de profondeur sur un mètre de large. Supposez, et vous serez au-dessous de la vérité, qu'un mètre de ces fossés coûte 0,10, et jugez de quelle dépense inutile on accable de pauvres communes surchargées déjà par les allocations au curé, au maître d'école, au berger, au garde, au secrétaire de la mairie, au sergent de police, etc. Les petites lignes de délimitation des coupes sont défrichées, c'est bien, mais ce qui est fort mal, c'est de prétendre en interdire l'usage par des trous profonds et multipliés qui ne coûtent pas moins de 0,15 à 0,25 la pièce; aussi les personnes engagées dans ces lignes, ne pouvant franchir ces fosses à loups, passent à côté et causent un dommage réel, tandis que leur passage non contrarié serait favorable en ce qu'il empêcherait les ronces de croître.

Autrefois des bornes à deux faces et à double numéro, placées à chaque extrémité des lignes de séparation, désignaient suffisamment les coupes, et les indications portaient sans erreur possible : coupe n° 1, coupe n° 2, etc. C'était l'ancien usage; aujourd'hui l'on donne des noms aux coupes, et les maires sont invités à s'entendre avec l'administration pour ce singulier baptème ; après la haute comédie, la saynète ; *risum teneatis.*

Un inspecteur forestier disait dernièrement de la gestion des bois communaux, que l'administration voudrait en être débarrassée. Si cela est exact, que l'on prenne l'avis des conseils municipaux ; les deux parties se trouvant infailliblement d'accord, le divorce sera prononcé à la satisfaction générale des communes.

———

LA SAINT-HUBERT.

3 *Novembre* 1856.

Depuis quelques jours, la poste et les facteurs sont encombrés de lettres calquées, sans variantes importantes, sur ces spécimen : « Très-cher, suivant l'u-
« sage antique et solennel, je compte sur vous pour
« fêter le grand Saint ; j'ai fait soigneusement réser-
« ver un bois où repose dans une perfide quiétude, un
« ragot de 200 qui nous donnera une rude be-
« sogne, etc., » ou bien, « Cher confrère en saint
« Hubert, je t'attends le 3 novembre, nous traque-
« rons la forêt de... il y a bon nombre de renards ;
« dans tous les cas, si la chasse est manquée, je te
« garantis une aimable compagnie et un superbe

« festin dont Chevet, le grand Chevet, fournira les
« vins et les pièces froides..... »

En effet, la saint Hubert est un grand jour ; pour
plusieurs, il est un évènement dans la vie ; à ce
nom bien des cœurs palpitent : hommes d'un âge
mûr, adolescents, épouses, mères de famille s'é-
meuvent et sont agités par des sentiments divers. Le
vieux chasseur se rappelle les coups magnifiques
dont il fut le héros, il retrouve dans sa mémoire les
hautes futaies, les chênes séculaires, les couplets
qu'il chanta, le son des cors, les amis qui ne sont
plus, et le château hospitalier, où, débutant dans la
carrière, il fit ses premières armes sous les auspices
d'un gentilhomme bon, simple, franc, cordial, instruit, comme il n'y en a plus guère, comme il n'y en
aura bientôt plus dans notre société nivelée par la
Bourse, enlaidie par le besoin de thésauriser.

Au nom de Saint-Hubert, l'étudiant rêve aux exploits qu'il accomplira ; son imagination déroule devant lui les temps héroïques, l'histoire sacrée, Rome,
Athènes et l'histoire de France presqu'entière. En
effet, avant la civilisation et le progrès, avant les
routes, alors que la terre était couverte de forêts,
l'homme dut défendre sa vie contre les bêtes féroces,
arracher leurs fourrures pour se vêtir, et chercher
dans la chasse les premiers moyens d'existence ;
aussi les peuples primitifs furent-ils chasseurs, et à
la plupart des noms illustres arrivés jusqu'à nous se

rattachent des faits de chasse, des actions coura-
geuses contre des animaux sanguinaires, des poëmes
touchant le grand art de la Vénerie : Diane, Apollon,
Hercule, Thésée, Méléagre, Ulysse, Nemrod, Jacob,
Esaü, etc., ensuite Romulus, Pompée, Alexandre,
Constantin, etc., en France, tous les Mérovingiens
aux noms barbares. Puis Charlemagne, Philippe-
Auguste, saint Louis, Philippe-le-Bel, Louis XI,
Charles IX, Henri IV, Louis XIII, etc., et parmi les
poètes et écrivains de tous les siècles, Pindare, Xé-
nophon, Horace, Virgile, Gaston, Passerat, Baïf,
Du Fouilloux, La Conterie ; etc. Certes ce n'est point
un plaisir indigne, une occupation dégradante, que
celle qui a occupé les loisirs, charmé les ennuis de
tels hommes et de tels génies.

Cette brillante évocation enivre le jeune étudiant,
et s'il ne croit plus percer d'un javelot un sanglier
de Calydon ou briser dans ses bras de fer un autre
dragon des Hespérides, il espère au moins qu'une
bonne chance le mettra un jour, comme Gérard,
et armé d'une carabine Lefaucheux, en présence d'un
lion d'Afrique, comme Delegorgue, en face d'un
monstrueux éléphant, et qu'il gravera son nom dans
les glorieux fastes cynégétiques.

Au nom de Saint-Hubert, les mères, les épouses,
les fiancées s'inquiètent et se troublent. La tête
remplie des accidents, des déplorables malheurs
qu'enregistrent les journaux, elles ne voient la chasse

que sous son plus fâcheux aspect ; un homme les a fatiguées par des récits interminables de chiens, et de lièvres pris ou manqués, et elles jugent que la chasse est une passion abrutissante, aussi incapable d'agrandir l'esprit, d'élever les idées, que le cabaret ou le trois pour cent ; c'est un tort et une erreur. La chasse, prise modérément, est le plaisir le plus pur, le plus salutaire, et, en définitive, de tous les délassements c'est le moins dangereux, car il abrite le mieux contre les tentations et les vices. Si la chasse ne touche plus comme autrefois au commerce, à l'agriculture, à la navigation, à la sûreté publique, enfin à tout ce qui a préparé et hâté le bonheur des hommes, elle peut encore tenir une place convenable dans nos loisirs et nos travaux. Anderson, Levaillant, Audubon, Gérard, Overweg, qui ont fait faire à la Botanique et à l'Histoire naturelle de si merveilleux progrès, qu'étaient-ils, sinon des chasseurs utilisant leurs plaisirs au profit de la science ?

Ne méconnaissons donc pas le grand art de la vénerie ni ses aimables déduits ; rendons justice à ce qu'il a fait de bon, à ce qu'il a inspiré de beau ; regrettons le passé, mais acceptons les mœurs de notre temps. Fêtons toujours saint Hubert, non comme nos aïeux, par des exploits à peu près impossibles aujourd'hui, mais en rappelant, ne fût-ce que par de faibles échos, les propos joyeux, l'aimable causerie, les abondantes aumônes qui, chez eux, étaient de règle pour célébrer dignement le 3 novembre (1).

(1) La Société des chasses de Bondy, qu'a l'honneur de présider M. Léon Bertrand, n'a point oublié, à l'occasion de la fête du grand Saint, la charitable recommandation faite ici par notre correspondant M. Léonce de Curel. Une quête, effectuée sur la motion de MM. les Commissaires, à la suite d'un dîner de saint Hubert, à l'hôtel de France, à Livry, a produit une somme de 110 francs, qui a été remise au maire pour les indigents de la commune.

UNE INFAMIE.

23 Novembre 1841.

Video meliora, probo que ,
deteriora sequor.

« Nous sentons ce qui est beau, ce qui est bien,
« nous y applaudissons, et nous faisons le mal. »
Cela est vrai et sera toujours vrai tant que, sans le
secours de la religion, nous voudrons lutter avec nos
forces seules, contre les séductions du monde. Après
avoir commis une faute, j'ai été victime d'une félonie
odieuse ; j'aurais évité l'une et l'autre en appelant à
mon aide les principes chrétiens. En entreprenant,
après de longues années, le récit de cette histoire, je
n'espère ni intéresser ni instruire, je veux seulement
raviver dans mon cœur le repentir d'y avoir joué un
rôle.

Au fond d'une province éloignée de Paris, dans la
petite ville de N., vivaient, il n'y a pas longtemps
encore, dans une obscurité complète, malgré leur
grande fortune, M. et Mme R. ; jamais femme ne con-

vint mieux à son mari, jamais mari à son tour ne fut plus expressément fait pour sa femme ; c'étaient deux êtres à part pour la nullité. Monsieur R., ancien négociant, ne connaissait d'autre littérature que les livres à partie double, il s'élevait dans les sciences jusqu'au cours de la rente et aux marchés à terme, enfin sa manière de voir était celle d'un abonné du *Constitutionnel*, et, comme ce journal d'un autre siècle, il était attaqué de prêtrophobie. A travers bien des sottises, la plus notoire qu'il donnât de sa stupidité, fut d'épouser une femme manquant de sens, d'élévation, et dont le mérite unique était un nom assez vilainement connu dans les fastes révolutionnaires.

A tout prendre cependant, ils étaient bonnes gens l'un et l'autre, et sans souci du jour ou du lendemain, leur intérieur eût été heureux à la manière des animaux s'ils n'avaient pas eu d'enfants..... Mais ils possédaient une fille... cette fille avait une imagination sans frein, sa taille était celle d'une nymphe, pleine de souplesse et de grâce, sa beauté douteuse plaisait à quelques-uns, le plus grand nombre s'effrayait de l'expression de son visage ; quoi qu'il en soit, son teint pâle, ses lèvres épaisses et grimaçantes, ses yeux fauves, tous ses traits fortement accentués, montraient sur son galbe, à l'œil de l'observateur, les violentes passions de son âme. A une telle fille, il eût fallu des parents d'une haute intelligence, il eût fallu des principes qui tempèrent les passions et règlent les désirs, elle n'eut rien.... L'autorité paternelle crut avoir rempli ses devoirs en lui enseignant l'économie du ménage et en faisant entrer dans son cœur, par son exemple, l'avarice et la cupidité.

A l'époque dont je parle, 183., Joséphine avait 22 ans; ce qu'elle avait fait pendant les premières années de sa jeunesse, je l'ignore, mais il est facile de le supposer, par sa conduite ultérieure. Depuis un an, mon régiment tenait garnison à N., j'avais 35 ans, je fuyais le monde dont j'étais désabusé, je ne sortais guère de chez moi que pour les soins de mon service. Cette sauvagerie, dont Joséphine entendit parler, piqua sa curiosité; dans les petites villes tout le monde se connaît; elle en profita pour témoigner plusieurs fois à mes camarades le désir de me rencontrer. Pour rendre ce caprice de Joséphine plus intelligible, il faut dire que j'avais été précédé à N. par l'éclat d'un duel dans lequel on me faisait jouer un rôle chevaleresque; il faut dire encore que dans mes loisirs de garnison j'avais adressé au journal de la province des articles que les journaux de Paris avaient reproduits avec éloges, enfin, quoique je fusse déjà bien loin de l'âge heureux des *teen*, comme disent les Anglais, je n'avais pas perdu tous les agréments de la jeunesse.

Je demande pardon et je suis honteux de parler

ainsi de moi-même, je le serais bien davantage encore si je n'avais la conscience que toujours j'ai attaché peu de prix à ces frivoles avantages, et que toujours j'ai compris la vie, la vie digne de l'homme et du créateur qui la lui a donnée, je l'ai comprise avec des devoirs grands et nobles, applicables à toutes les périodes de son cours, et non renfermée tristement dans la limite des passions brûlantes de 20 à 30 ans.

Vers le mois de mai 183., des comédiens ambulants vinrent s'établir dans la ville; toute la société courut à leurs représentations; entraîné par l'exemple, un jour j'y fus aussi. Dans la salle, une jeune fille se faisait remarquer par son rire bruyant et les éclats de sa voix, signes infaillibles d'une mauvaise éducation, c'était Joséphine; je me plaçai loin d'elle, et la soirée se passa sans évènement. A quelques jours de là, j'entrai de nouveau au spectacle, et par un cruel effet du hasard, je me trouvai assis à ses côtés.

Dans un entr'acte un clown parut sur le théâtre, et en réponse à une plaisanterie que le mime adressait aux spectateurs, Joséphine lui jeta un mot heureux, un de ces mots pleins d'esprit et de bonté que l'on n'oublie jamais. Le clown l'entendit et remercia sa gracieuse interlocutrice par un regard de reconnaissance.

— Combien vous êtes aimable, dis-je à Joséphine, soyez-sûre que ce malheureux, dans les jours de misère que le sort lui réservé, se rappellera votre bienveillance et que ce lui sera une consolation.

— Le pensez-vous, répondit-elle ? Avec votre expérience, croyez-vous donc encore à la mémoire du cœur ?

— Et vous, repris-je, comment, si jeune, pouvez-vous en douter ? Pour mon compte j'y crois tellement, que si par amitié vous me donniez la fleur que vous tenez à la main, je conserverais toute ma vie de cette soirée un souvenir délicieux.

— Quel enfantillage, s'écria-t-elle!

J'en avais trop dit, j'aurais voulu retirer mes paroles ou au moins en atténuer l'effet ; les mots me manquèrent ; je me bornai à m'occuper exclusivement des acteurs, je me sentais mal à l'aise, j'attendais impatiemment la fin du spectacle, enfin la toile tomba ; mais quelle ne fut pas ma stupéfaction en voyant le bouquet de Joséphine dans mon chapeau ; je fus interdit ; je me hasardai enfin à lever les yeux comme pour demander une explication, mais elle plongea son regard dans le mien avec une expression indéfinissable.... dès ce moment mes résolutions furent ébranlées. Je lui donnai le bras pour sortir. Notre conversation ne fut qu'une suite de mots interrompus, saccadés, comme celle de deux personnes qui viennent de faire un pas décisif dont elles n'ont pas encore compris toute la portée. Arrivés à sa demeure, je dis *adieu* à sa famille et à elle.

J'avais dans mon portefeuille un congé de quelques mois; n'ayant ni parents ni famille, j'hésitais à m'en servir; dans les circonstances nouvelles où je me trouvais, mon parti fut bientôt pris; je montai dans la voiture de Franche-Comté, je gagnai Pontarlier et e franchis rapidement la sombre forêt du Jura, puis jetant un dernier regard sur le fort de Joux et le torrent de la Reuss, je dis adieu à ces délicieuses campagnes qui, voisines de la frontière, ressemblent à un souvenir que la France vous adresse pour ne pas être oubliée.

Je ne voyageais pas, je fuyais, dans l'état de mon âme le repos eut été un supplice; il fallait échapper par la rapidité de ma course à mes pensées et à l'image de Joséphine. C'est à peine si j'arrêtai mes regards sur les beautés du Val-Travers et du lac de Neufchâtel, qui se montre, disparait, pour étaler de nouveau ses eaux limpides et rappelle, par ces apparitions magiques, la Nymphe de Virgile:

Fugit.... et se cupit ante videri.

Après Neufchâtel, je courus à Genève, à Lausanne et au noir château de Chillon, immortalisé par les tortures du prieur de St-Victor et par les beaux vers de Byron:

Chillon ! thy prison is a holy place ,
And thy sad floor an altar......

Je vis avec intérêt les salines de Bex, St-Maurice,

où la légion thébéenne fut décimée par l'odieux Maxi-
min, et tout à coup, sans transition, je me trouvai
au pied du Mont-Blanc ; là, en présence de ces su-
blimes beautés de la nature, tout ce qui n'était pas
gravé dans le cœur en traits brûlants devait s'effa-
cer, et tout sentiment personnel s'anéantir ; aussi je
me trouvai plus à l'aise, et les derniers appels de la
voix de Joséphine furent étouffés sans peine sous le
tonnerre majestueux des avalanches que ce géant
des Alpes laissait tomber de sa couronne de neige.

Après le Mont-Blanc, je saluai la Fourca et les
glaciers du Rhône jusqu'à l'endroit où « ce fleuve
» rapide s'ouvre un passage entre deux rochers,
» semblables à deux amants que le ressentiment a
» séparés. Leur cœur est brisé par cette sépara-
» tion, mais ils ne peuvent plus se réunir tant est
» profond l'abîme ouvert entre eux, et cependant
» lorsque leurs âmes se sont ainsi mutuellement bles-
» sées, l'amour était au fond de la fureur cruelle et
» tendre qui est venue flétrir leur vie.... » Je tra-
versai Bellinzone, osant à peine respirer l'air parfu-
mé du lac de Côme, lieu ravissant où tout dispose
aux tendres sentiments.

Berne, Soleure, Bâle, que puis-je dire de vous
que d'autres n'aient dit mille fois déjà ; toi Bâle surtout, assis aux bords du Rhin, fleuve qui a si souvent retenti du bruit glorieux de nos armes, tu as
toujours eu un attrait particulier pour les Français.

Je vis ensuite Manheim et ses fontaines aux emblèmes mythologiques ; Heidelberg et ses ruines solennelles, Mayence et la statue de Gutemberg, moins belle que celle que Strasbourg a érigée à la mémoire de cet inventeur de la typographie. Il est triste cependant qu'il y ait du doute sur le nom glorieux qui dota l'humanité de ce bienfait, et la ville d'Harlem lance des anathèmes à ceux qui ne proclament pas Jean Coster le père de l'imprimerie.

Amis des beaux-arts, courez à Francfort, faites mille lieues pour admirer jusqu'à l'extase la statue d'Arianne, ce chef-d'œuvre de Danneker, acquis, à la honte des rois, pour le musée de Bethman, un juif opulent.

J'ai vu Coblentz, attristé par la haute muraille qui l'emprisonne de toute part ; j'ai vu le tombeau de Marceau, vaillante épée, administrateur habile et probe à l'âge où les autres hommes sont encore sur les bancs des écoles ; j'ai vu Ehrenbreitstein, si menaçant, si formidable, que tout cœur patriote en est oppressé. Je ne veux rien dire du monument de Hoche, malheureusement inachevé, ni du parc de Neuvied, ni d'Andernach, ni des poétiques montagnes du Siebengebirg, j'ai hâte d'arriver à Cologne et je dis adieu au Rhin par cette stance de Byron :

« Adieu Rhin, adieu beau fleuve, avec quelle
» peine l'étranger ravi s'arrache de tes bords !....
» Adieu encore, mais c'est en vain, on ne peut dire

» adieu à un semblable séjour : l'esprit se colore de
» tes teintes et les yeux se détachent de toi avec pei-
» ne, ô fleuve enchanteur, en te jetant un dernier
» regard d'amour ; il est peut-être des contrées plus
» puissantes et plus brillantes, mais nulle ne réunit
» comme toi dans une ravissante variété, l'éclat, la
» beauté, la douceur et les glorieux souvenirs. »

Après Cologne, j'allai sans m'arrêter jusqu'à Rot-
terdam, la ville aux mille canaux et aux maisons su-
perplombées ; Amsterdam, noyée dans les eaux de
l'Amstel et de l'Y, est un centre commercial important. A La Haye, il faut voir le musée de la marine
et le modèle en plâtre du monument élevé à la mémoire du lieutenant Van-Preitz. Cet officier, échoué
avec son bâtiment sur la plage d'Anvers, préféra se
faire sauter et mourir à la honte de tomber aux mains
des Belges. En général, les Hollandais attachent beaucoup de prix aux évènements de la révolution de
1830. La défense d'Anvers, par le général Chassé,
est glorifiée de cent manières diverses. — Le musée
des tableaux brille à son tour par mille chefs-d'œuvre
anciens et modernes ; les toiles des Maas et des Sey-
ders excitent au plus haut point l'admiration des
contemporains, et ont fait dire avec justice que l'é-
cole flamande n'était pas dégénérée. C'est ici le lieu
de remarquer tout ce que l'art acquiert de dignité et
de perfection dans les pays où la raison publique
n'est pas abandonnée sans frein à l'imagination dé-

vergondée des romanciers, des poètes, et où les ar-
tistes s'inspirent ailleurs que dans les souvenirs de
révolte et d'impiété.

Je m'embarquai à Amsterdam sur le Zuyderzée,
cette mer féconde en naufrages, ce qui ne m'em-
pêcha pas d'arriver le plus tranquillement du monde
à Hambourg.

Je pénétrai en Danemarck, mais je fus las bientôt
d'un pays glacé, où l'on ne rencontre d'autres compatriotes que des juifs maquignons. Je m'embarquai
donc de nouveau et je vins toucher au Helder. — A
Alkmear, je pus reconnaitre qu'effectivement les Hollandais sont le premier peuple du monde pour la flo-
riculture, et mes yeux fatigués des sites sauvages du
Danemarck, se reposèrent doucement sur des par-
terres de fleurs indigènes et sur de riches fleurs tro-
picales entretenues dans des serres magnifiquement
construites. — D'un ravissement je tombai dans un
autre en entendant la sublime harmonie de l'orgue
si célèbre de Harlem.

En peu de jours, au moyen des chemins de fer, je
vis toutes les villes manufacturières de la Belgique.
Bruxelles me parut triste malgré sa nationalité nou-
vellement conquise; les hommes intelligents s'aperce-
vaient déjà que les quatre *glorieuses* journées de
septembre seraient pour la Belgique une source intarissable de misère, de déception et de ridicule.

J'atteignis enfin Paris, et sans m'arrêter je repartis pour N. , où j'arrivai après une absence de trois mois , le cœur léger et sans défiance des chagrins amers qui m'y attendaient. A mon débotté, ma vieille hôtesse me remit le billet suivant :

« Monsieur , vous croyez à la mémoire du cœur ,
» au culte du souvenir ; moi j'ai le malheur de n'y
» pas croire, prouvez-moi que j'ai tort ; venez *nous*
» voir, ma famille vous recevra avec le plus grand
» plaisir.

» JOSÉPHINE. »

La lecture de ce billet me plongea dans une extrême perplexité ; je n'avais pas prévu une démarche aussi hardie. Je passai plusieurs heures en présence de cette double question : Irai-je ? n'irai-je ? sans pouvoir la résoudre. Enfin le génie du mal l'emporta. La religion n'était encore pour moi qu'une faible loi sans empire ; la sagesse et l'expérience ne me donnèrent que des conseils inutiles ; et puis en quittant N....., je pensais avoir fait un sacrifice immense à mon devoir, et m'être mis en règle avec les plus impérieuses exigences de la délicatesse ; je me crus donc engagé fatalement dans la voie périlleuse que j'allais suivre.

Joséphine me reçut avec une joie bien vive, et ne put cacher que ma visite lui semblait un triomphe ; j'aurais dû m'en effrayer ; mais je fermai l'oreille aux derniers avis de ma conscience, et je cédai à une faiblesse que lâchement j'appelai ma destinée.

Plusieurs mois s'écoulèrent dans une douce in
mité ; Joséphine était vive, aimable et montrait pl
de ressources d'esprit que je ne lui en avais suppo
Nous nous promenions, nous lisions ensemble,
comme elle le disait, elle faisait tous ses efforts po
rectifier les vices de son éducation. Peu à peu el
me tint lieu de toutes les affections de famille qui n
manquaient, et toutes les forces de mon âme pass
rent dans mon amour ; c'est d'ailleurs un si gran
bonheur d'être aimé sans remords, que quoiqu'in
tinctivement j'eusse de l'éloignement pour le mariag
je songeai sérieusement à régulariser aux yeux d
Dieu et des hommes, mon attachement pour José
phine.

Je n'hésitai pas à lui confier mes projets. A m
grande stupeur, elle les écouta avec froideur, e
finit par me parler d'une union éternelle avec l'iro-
nie la plus amère. Suivant elle, il n'y avait point de
mariage sans constance, et la constance était une
vertu absurde et de convention. Le monde accusait
les époux infidèles de corruption, d'oubli des principes, tandis que c'était la nature seule qui faisait
effort pour rentrer dans ses droits ; il était donc préférable de ne pas s'exposer à oublier les préjugés
imposés à la société... J'étais interdit, confondu,
muet d'étonnement et de honte....... Joséphine s'a-
perçut de l'effet de ses opinions *hasardées*, et voulant en adoucir le cynisme sans cependant paraître

y renoncer, elle me dit, avec une grâce charmante, ces vers d'Armide que nous avions lus la veille :

> Le bien que vous cherchez se vient offrir à vous,
> Et pour l'avoir trouvé sans peine
> Devez-vous le trouver moins doux.

Je fus touché du mérite de cet à propos, sans pouvoir toutefois me distraire d'une pénible préoccupation.

On s'occupait alors beaucoup dans notre petite ville du mariage prochain d'une jeune fille nommée Clémence de Voiterce ; c'était un mariage de cœur, de convenance, et tout semblait lui présager un heureux avenir. Joséphine était l'amie de Clémence, et sous ce prétexte elle passait avec elle des journées entières depuis l'arrivée du prétendu.

Un jour je lui demandai en riant, si elle ne craignait pas de gêner son amie par ses assiduités et de donner des distractions au fiancé. — Non répondit-elle, et quoiqu'ils s'aiment beaucoup, Clémence a trop de sens pour ne pas s'apercevoir que cet homme a des manières vulgaires et qu'il est ennuyeux à périr ; ma présence interrompt donc un tête-à-tête qui déjà doit leur paraître assez lourd à supporter.

Je connaissais trop l'excessive coquetterie de Joséphine pour être entièrement rassuré par ces paroles, et malgré moi il me resta de l'avenir une vague frayeur : je me bornai cependant à la prier de ne pas aller le lendemain chez Clémence. Elle me le promit; j'eus cependant la certitude qu'elle y passa plusieurs heures. Je lui en fis de vifs reproches. Mais vraiment, s'écria-t-elle, il faut que vous soyez le plus soupçonneux et le plus irritable des hommes pour interpréter mal une conduite si simple; songez donc qu'*ils* s'adorent mutuellement, et que c'est un mariage d'inclination : dans de telles circonstances, croyez-vous qu'il serait possible d'enlever à Clémence le cœur de son fiancé? Oui, repris-je, si cet homme est d'une faiblesse indigne, et si vous, vous êtes une femme perverse et sans cœur; au reste, continuai-je avec amertume, votre parti est pris, je le vois, et mes efforts seraient impuissants à me faire écouter; ainsi, après avoir résolu avec moi le problème de la *mémoire du cœur*, vous résoudrez contre votre meilleure amie, celui d'un amour brisé la veille même de sa sanctification. — Joséphine ne répondit rien et se borna à me lancer un regard rempli de haine et dédain.

Deux jours après, la noce devait avoir lieu, et un bal devait terminer la soirée; jusqu'à ce moment, je ne vis plus Joséphine, mais dans la matinée je reçus le billet suivant :

« Malgré les choses pénibles que vous m'avez
» adressées, je vous aime encore, mon amour ne
» se refroidira pas; je suis à vous, uniquement à
» vous pour toujours; mon cœur et toute ma misé-
» rable créature vous consacreront à jamais ce qu'ils

» ont de plus vif et de plus aimant. Ce n'est pas des
» heures que je voudrais passer avec vous, c'est ma
» vie entière, mais ce n'est pas une raison pour né-
» gliger les heureux instants que le ciel nous envoie ;
» venez donc ce soir au bal, j'aurai la robe qne vous
» aimez, la coiffure que vous aimez, je ne veux
» plaire qu'à vous.   J. »

En dépit de mes tristes pressentiments, je me rendis à la prière de Joséphine, et j'allai à ce bal. Ce
fut un scandale public, Joséphine avait plus l'air de
la mariée que la mariée elle-même.... Je m'approchai
d'elle et je lui dis: Vous avez résolu le problème,
mais vous êtes un monstre....

Je passai une nuit affreuse ; le matin mon domestique me remit une lettre, elle ne se donnait plus la
peine de cacher l'odieuse vérité, puis elle me disait
un adieu éternel, juste quelques heures après son
serment de m'aimer toujours !

Quel réveil pour un cœur passionné ! quel prix de
ma tendresse ! j'ai été coupable, j'ai eu des torts
dans ma vie, mais je serais mort mille fois plutôt
que de préméditer à froid une action mauvaise ; aussi
tant d'ignominie dans un cœur d'enfant, dans un
cœur de vingt ans, me paraissait un mystère impéné-
trable ; je passais les nuits et les jours à vouloir expliquer ce qui n'était explicable qu'en couvrant de
boue l'idole que j'avais encensée ! Mon âme succomba sous cette lamentable solution. Tout ce que je ve-

nais de rêver de charme, dans la vie, je le perdais donc soudainement, sans préparation et par une perfidie atroce ; n'ayant plus foi ni au bonheur, ni à l'innocence, ni à rien, je tombai malade. Je passai un mois dans un affaissement de l'esprit et un engourdissement du corps tels, que je devins insensible à toute peine morale ou physique, j'étais comme abruti ; enfin la douleur revint et avec elle s'éveilla en moi le sentiment de la vengeance.

Je maudis la perfide ; puissent, m'écriai-je, les malédictions de mon cœur ulcéré renverser à jamais tes songes de bonheur ! vis de longues années pour être l'objet de la haine de tes victimes et l'opprobre de ton sexe ! que ceux que tu aimeras te trahissent ! que ton cœur sans foi ne connaisse jamais ni les émotions ni les joies de l'amitié, et puisses-tu répandre plus de larmes encore que ta noire trahison n'en a arraché de mes yeux !

Ma colère expira après cette imprécation, et ma vengeance (j'en remercie le ciel), vint aboutir à un profond mépris pour un objet naguère si tendrement aimé. Mon régiment reçut alors l'ordre de partir pour Marseille. Les scènes variées du voyage, le charme d'un ciel serein, les beautés de la campagne de Provence, la vue toujours si imposante de la mer, rendirent à mes sens un calme plein de tristesse à la vérité, mais que je n'aurais cependant jamais retrouvé en restant aux lieux où j'avais tant souffert.

Il y avait six années depuis l'époque de cette déplorable histoire, quand le hasard me ramenant aux environs de N.... j'allai jusqu'à cette ville avec un empressement curieux, mais désormais bien désintéressé, pour savoir des nouvelles des personnes que j'y avais connues. Le mari de Clémence avait été tué en duel par un nouvel amant de Joséphine ; Clémence, si malheureuse, si digne de pitié, s'était retirée dans un cloître et était morte au monde ; M. et Mme R... avaient succombé à la douleur d'avoir donné le jour à leur fille ; Joséphine seule vivait, mais elle vivait avec la flétrissure de la honte et de l'exécration publique. Conséquence funeste et inévitable d'une éducation anti-chrétienne, elle avait immolé sa vie entière à l'étrange et affreux plaisir de commettre « une infamie. »

PETITE EXCURSION EN SUISSE [*].

I.

SALINES DE BEX, SCÈNES DU VOYAGE.

Jusqu'alors nous avions marché soit en bateau, soit en voiture, nous n'avions entrepris aucune de ces ascensions, vu aucun de ces sites classiques qui doivent signaler l'apostolat d'un voyageur, et sans lesquels une excursion en Suisse n'est pas complète. Nous sentions que le moment approchait où il faudrait faire nos preuves, et pour nous y préparer, nous quittâmes Vevay de bon matin, le sac sur le dos, nous dirigeant vers Bex.

Cette route est longue, rocailleuse, monotone, fort mal choisie pour un coup d'essai, et très-capable de décourager des résolutions moins robustes que ne l'étaient les nôtres. Aussi, à peine deux heures s'étaient écoulées, que déjà nous avions cessé cette conversation intime, si propre à déguiser la longueur d'un chemin pénible ; nos souvenirs les plus piquants n'amenaient plus le sourire sur nos lèvres ; nos bouches altérées ne s'ouvraient que pour demander une fontaine et de l'ombrage, et nos invocations se faisaient, on peut le penser, en termes moins poétiques que les élégies soupirées par Tityre ou Ménalque. Nous étions haletants quand nous atteignîmes enfin le chemin d'Orgelet et la maison de Lacombe, entourée d'un bois de châtaigners séculaires. Les Grecs abordant au rivage de Troye, Pénélope retrouvant Ulysse, que vous dirai-je, Robert-Macaire escorté par la gendarmerie, *cette belle institution*, éprouvèrent moins de joie que nous n'en ressentions à nous étendre à l'ombre. Pour compléter notre jouissance, chose difficile et importante de la vie, suivant M. Janin, nous aurions pu *grignoter des chataignes, castaneæ molles*, répandues là en abondance, mais le spirituel ouvrage de M. Dumas n'avait pas encore paru, et nous étions dans l'ignorance de sa belle recette à l'usage des écureuils.

Devenus plus dispos, nous retournâmes un peu en arrière jusqu'à la maison de Lacombe, pour y contempler un des points de vue les moins connus et les plus remarquables de la Suisse. D'un côté, la plaine variée par mille cultures diverses, est traversée par le Rhône dans lequel se jette le torrent impétueux de l'Avanson, de l'autre, elle est coupée par une roche de marbre noir, surmontée des ruines encore menaçantes du château féodal d'Ariphon ; enfin, pour compléter ce tableau et le limiter, la dent de Morcle, la dent du Midi et la dent du Bessu sont là avec leurs têtes neigeuses qui se regardent, s'excitent, et semblent faire assaut à qui l'emportera en hauteur sur sa rivale.

Il n'était pas une heure quand nous arrivâmes au magnifique établissement de la saline. Les établissements de graduation, que nous n'avions pu étudier à Salins, furent l'objet de notre attention particulière. Voici en quoi ils consistent : sous un vaste hangard, on réunit des fagots d'épine sur une base de 30 pieds sur une hauteur de 20 (autrefois, à la place de fagots, on employait des bottes de paille), des pompes élèvent les eaux salées dans des réservoirs situés à la partie supérieure du hangard ; de là des robinets les laissent échapper sur les fagots pour les diviser en une multitude de gouttes, qui retombent dans des bassins placés au-dessous des fagots. Dans leur trajet, les gouttes, soumises à l'action de l'air, se volatilisent en partie ; on recommence l'opération jusqu'à ce que les eaux soient concentrées à 18° de salure, alors on les transporte dans les poëles ou chaudières, et elles sont traitées d'après les procédés de Salins ; seulement au lieu de presser l'évaporation en activant le foyer, comme dans cette dernière ville, on tempère l'action du feu, et on retire les cristaux (pyramides quadrangulaires), au fur et à mesure qu'ils se forment. Le sel, par ce procédé, est moins blanc, moins fin qu'à Salins, mais il est plus pur et sale bien davantage. Les habitants du pays ne les confondent jamais. Les mêmes fagots servent plusieurs années, quoiqu'ils se chargent promptement de sélénite, ce qui leur donne de loin l'apparence de buissons couverts de frimats.

Une belle avenue de platanes conduit de Devens à la grande galerie d'exploitation des sources. Deux poteaux en marbre noir servent d'appui à la porte de cette avenue, sur leur face intérieure on lit :

<table>
<tr><td>Libertate inculta
virescunt.
1815.</td><td>Patribus patriæ
cultores
1815.</td></tr>
</table>

La galerie principale a près d'une lieue en ligne droite, il faut au moins une heure pour la parcourir ; au-dessus de l'entrée est gravée l'inscription suivante :

« Cette galerie a été ouverte
« Par très-noble, très-magnifique
« Et très-honoré seigneur..... bailli
« A Lausanne, 1746. »

Pour comprendre le *très-noble et magnifique seigneur*, il faut se reporter aux événements de la date 1746. Alors les républicains de Berne faisaient peser, sur les républicains du canton de Vaud, un joug de fer et d'esclavage, dont à cette époque de civilisation aucune monarchie ne se fût rendue coupable.

Plusieurs rameaux, connus sous le nom de fondements d'en haut et fondements d'en bas, viennent aboutir à la galerie principale. Si je dis que deux heures suffisent à peine pour l'exploitation au ciseau d'un pouce cube du rocher vif, on aura une faible idée des immenses travaux exécutés à Bex. Les résultats n'ont pas répondu à tant de peines ; une source à 4°, et une autre un peu plus forte que l'on va chercher au fond d'un puits de 600 pieds, mais si peu abondante que ce puits ne se vide que tous les quatre ans, sont les seules découvertes qui aient eu lieu jusqu'en 1822, époque à laquelle le hasard amena une révolution dans la saline. M. Charpentier, ingénieur, chargé de surveiller les travaux, mit machinalement dans sa bouche un morceau de rocher que l'on exploitait sous ses yeux : il lui trouva une salure très-âcre et pensa naturellement que le sel gemme était dans le voisinage. De nouveaux boyaux furent en conséquence dirigés dans tous les sens, mais sans succès. Il ne resta plus qu'à utiliser le roc salé qu'on venait de découvrir, c'est ce qu'a fait M. Charpentier par un procédé fort simple : il accumule près d'une source d'eau douce, une certaine quantité de fragments du roc, il dirige ensuite sur eux l'eau de la source, la première immersion donne des eaux à 22°, la seconde à 18°, enfin la troisième et dernière, sur les mêmes fragments, ne donne plus que des eaux à 8° au plus. Celles-ci sont soumises à la graduation, conjointement avec les eaux provenant des sources dont j'ai parlé plus haut.

Cette découverte fut un progrès immense ; dès-lors on abandonna la recherche des sources salées, et le travail fut borné à l'exploitation du roc au ciseau et à la mine. Quatre-vingts mineurs sont occupés dans les galeries ; les ateliers sont de huit hommes, qui travaillent huit heures sans interruption. C'est avec joie qu'ils voient arriver juillet et la saison des voyages, car, indépendamment des petits bénéfices, ils comptent pour beaucoup les distractions qu'un visage nouveau donne à leurs monotones travaux.

Nous étions les premiers voyageurs de l'année, les ouvriers voulurent nous fêter. Pour cela ils tirèrent une mine pendant que nous étions au grand bassin, remarquable par ses dimensions (100 pieds de diamètre), ses énormes piliers taillés dans le roc et son écho sonore ; le coup ébranlant toute la galerie, vint, pendant près de cinq minutes, se répercuter d'une manière effrayante à l'écho du bassin. Les redites de l'explosion étaient si précipitées qu'elles semblaient un seul et même bruit. A notre retour près des travailleurs, nous témoignâmes le désir de juger par nous-mêmes l'effet d'une mine sur un rocher connu par sa dureté ; mais soit que le mineur crût indigne d'un soldat de la garde royale, où il avait servi, de prendre de minutieuses précautions, soit qu'il voulût faire politesse à nos barbes à la François 1er, le chevalier sans peur, un éclat de rocher atteignit le pauvre diable à la tête et le renversa, et un autre vint me frapper assez brutalement à l'épaule. Dans le premier moment, je m'expliquai mal la cause de cette grêle de pierres, et croyant que la galerie s'écroulait sur nous, je hâtai de me recommander à mon bon ange avec toute la dévotion d'un marin espagnol pendant la tempête ; mais mon effroi ne fut pas long ; notre destinée n'était pas d'être ensevelis vivants dans les fondements d'en haut de la ville de Bex. Quand j'eus acquis cette douce conviction, et que ma main gauche, passée à plusieurs reprises sur mon épaule droite , eut rendu un témoignage satisfaisant de mon état , je courus au malencontreux mineur, son sang coulait à flots ; il ne voulut cependant accepter aucun soin ni permettre que je bandasse sa plaie, sous prétexte, disait-il, que *c'était rien, et que les Suisses c'est dur* ; il fut moins rétif à l'offre de mon flacon d'eau-de-vie, et deux gorgées longues, éternelles , vinrent rendre un nouvel hommage à l'intempérance helvétique.

Nous songeâmes alors à regagner l'établissement de Devens ; dans le trajet, nous vîmes plusieurs cochons rouges d'un aspect hideux, et un infortuné crétin se chauffant au soleil : c'était le premier depuis

notre séjour en Suisse, car il n'y en a point à Vevay,
malgré le dire d'Ebel; c'est une autre assertion fautive
du même auteur, que l'obligation où l'on serait de
donner un écu neuf (6 fr.), au mineur qui vous
guide dans les souterrains; il n'y a à cet égard ni
usage ni réglement, on s'en *rapporte* à la générosité
du voyageur.

Arrivés à Devens, une surprise nous attendait.
Les ouvriers, touchés de notre libéralité, avaient
préparé une cible, et à une distance convenable, une
table sur laquelle reposaient plusieurs carabines, de
la poudre, le morceau de graisse indispensable pour
faire couler les balles, plus un énorme broc de vin
blanc. Nous acceptâmes un verre de ce vin qui, tout
détestable qu'il était, nous parut agréable à cause de
la chaleur, mais ce ne fut pas sans peine que nous
évitâmes l'injection totale du liquide perfide, ces
braves gens mettant un empressement déplorable à
nous soumettre à cette torture nouvelle; je ne sais
s'ils pensaient que c'était par fierté que nous refusions
de nous empoisonner, mais ils ne cessaient de répéter,
d'un air mécontent, le refrain si commun en Suisse :
*Il ne faut pas tant de cérémonie pour accepter
un verre de vin.* Un coup de carabine vint heureusement donner une autre direction à leur politesse ;
et comme il ne s'agissait plus que d'un sacrifice
d'amour-propre, nous nous exécutâmes de bonne
grâce. L'adresse des Suisses, au tir à la cible, est

prodigieuse; leurs armes sont d'une subtilité fabuleuse, et, à la lettre, un souffle un peu fort sur la détente la ferait partir. Ai-je besoin de dire que ce n'est pas avec cette espèce de carabines qu'ils font la chasse au chamois? Ne serait-ce pas une précaution superflue de raconter que, malgré nos prétentions et nos anciens succès au tir de Lepage, nous fûmes *enfoncés*? Les ouvriers mirent plusieurs balles dans un blanc de quatre pouces, situé à 140 mètres, et nous, indignes, ne l'atteignîmes pas une seule fois.

Malgré cette habileté remarquable et la confiance qu'elle doit inspirer, on n'entend jamais parler en Suisse d'un combat singulier. Les Suisses, à travers leur brusquerie, sont extrêmement circonspects dans leurs expressions, et la crainte de blesser des amours-propres trop susceptibles, est un des traits distinctifs de leur caractère. En Suisse, le duel est une monstruosité regardée comme un dernier vestige des temps de barbarie; le duelliste y est en but à la réprobation générale, et plût à Dieu qu'en France le mépris des honnêtes gens s'attachât aussi à cette abominable coutume : ce serait un moyen de l'extirper de nos mœurs, plus efficace que le moyen employé jusqu'ici, d'une loi menaçante, inexécutable.

———

II.

VEVAY. — LA MAISON DE LUDLOW.

Sur la recommandation du *Keller* de l'hôtel du Faucon, nous prîmes, de préférence au bateau à vapeur, la voiture publique qui conduit à Vevay. Nous n'eûmes pas lieu de nous en repentir. En sortant de Lausanne, nous dérobâmes quelques instants au cocher pour visiter le délicieux jardin anglais de *Mon Repos* ; puis nous eûmes à parcourir, au petit trot de nos lourds chevaux, un trajet de six lieues de poste entre le lac de Genève, dominé par les dents d'Oche, et le côteau de vignes si fertile de Lavaux.

La culture de ce côteau est admirable, sa pente est rapide et les terres sont soutenues par une quantité de murailles dont les matériaux suffiraient à bâtir une ville. Lavaux est très-productif et le terrain hors de prix ; j'ai vu en construction un mur de cent pieds de long sur dix de hauteur ; son objet était de protéger trois rangs de ceps seulement ; le propriétaire m'assura cependant que trois années favorables le couvriraient de ses frais et de ses peines. C'était là un beau prétexte pour s'enfoncer dans des réflexions sur la valeur produite et la valeur consommée, mais on ne vient guère en Suisse pour s'occuper d'économie politique, et l'on glisse légèrement sur les choses ou sérieuses ou abstraites. Au reste, le vin blanc de Lavaux n'est excellent que relativement aux autres vins de la Suisse, qui sont rares et médiocres. C'était un usage autrefois que les magistrats du canton envoyassent un panier de vin de Lavaux à un étranger de distinction, pour lui témoigner de leur estime.

Avant d'entrer à Vevay, on voit dans le lointain les ruines pittoresques de Gourze, château-fort qui, au temps des guerres féodales, n'était pas sans importance militaire. Des cîmes du Jorat nos yeux retombèrent, par une transition mélancolique, sur le cimetière du village protestant de Saint-Symphorien qui s'avance sur la route. La porte est décorée d'une inscription en style biblique : « *Ils se reposent de leurs travaux, et leurs œuvres les suivent.* » A chaque pas, en Suisse, vous rencontrez réunis des débris de la féodalité et des traces de la réforme de Luther, ces deux époques sanglantes de l'histoire européenne, et cela à côté d'une nature riante, des paysages les plus gais, qui auraient dû convier les hommes à la concorde et à la paix.

Puisque j'ai parlé de féodalité, je veux dire qu'en opposition avec ce qui se pratique chez les libéraux français, il est de fort mauvais ton, en Suisse, d'affecter de réserver au peuple le monopole de toutes les vertus. Les républicains de l'Helvétie ont un profond respect pour les familles patriciennes : ils pensent avec les hommes sensés, qu'une noblesse sans privilége a sa vie tout entiére dans les souvenirs historiques, et que rien n'est plus propre à féconder d'heureuses dispositions, à exciter l'émulation pour ce qui est digne et généreux, que de perpétuer les traditions laissées par d'illustres aïeux.

Nous entrâmes à Vevay un jour de marché. La foule se pressait, se renouvelait sans trop de désordre. Au milieu de la multitude, on remarquait les paysannes des bords du lac avec leurs mouchoirs de couleurs diverses et leurs immenses chapeaux de paille tressée, qui se portent *nationalement* sur un bonnet noir. Ce costume est agréable, mais j'en excepte le petit tuyau qui surmonte le chapeau. Son aspect est disgracieux, je n'en ai pas compris l'usage ; à moins cependant qu'il ne remplisse les fonctions de soupape de sûreté, pour empêcher les têtes des femmes de faire explosion, mais cette explication est trop impertinente.

Nous fûmes assaillis, dès nos premiers pas, par des myriades de commissionnaires et de *ciceroni* ; le moment n'était pas venu d'accepter leurs offres séduisantes, et pour nous débarrasser de leurs importunités, il fallait à peu près payer les offres comme des réalités. Cet empressement à vous servir est une manière plus décente de demander l'aumône, mais peu digne encore de la fierté républicaine. Dans mon indignation, mes yeux tombant sur une voiture publique, qui portait sur ses panneaux les armes du canton avec cet exergue : *Liberté, patrie*, je saisis mon crayon et j'ajoutai Batz (1) à la suite de ces mots, et en vérité le Batz règne dans ce moment plus despotiquement que la patrie et la liberté ; c'est une parole qui a plus d'empire qu'aucune autre. On ne saurait trop le répéter à ceux qui courent en Suisse après des vertus patriotiques, l'or de l'Angleterre et de la France a corrompu le pays ; il n'est plus question de sentiments austères, de pauvreté indépendante ; commè partout on y rencontre un esprit servile, l'indifférence pour les institutions républicaines et cette mollesse qui énerve les cœurs. Cependant on retrouve encore, dans les petits cantons, des traces fugitives du patriotisme qui animaient les Suisses aux jours glorieux de Morgarten, de Dornach et de Lanpen ; mais c'est là, uniquement là : tout le reste est devenu courtier, brocanteur, hôtelier du monde entier dans la vie privée, et juste-milieu en politique, c'est tout dire. En veut-on une preuve à travers mille autres? reportons nos yeux sur la Suisse à l'époque du contre-coup de juillet 1830. A toutes les provocations révolutionnaires de quelques cantons *protestants*, à toutes les provocations répu-

(1) Petite monnaie du pays. *Donnez-moi un batz, un batz s'il vous plaît*, est le refrain éternel des Suisses.

blicaines des émissaires français, il fut répondu seulement par les violences exercées à Bâle et à Schwitz ; mais la ligue de Sarnen, en s'organisant, proteste contre ce qu'elle a nommé avec raison les passions turbulentes et mauvaises. Les cantons révolutionnaires se sont placés sous la protection de la France, et la ligue a demandé l'appui de la Prusse. Le premier effet d'une action républicaine, en dehors de la convention de 1815, a donc été de partager la Suisse en deux camps ennemis, au lieu de la guider unanime à la conquête des libertés perdues et des moyens de resserrer le lien relâché de l'union fédérale. En présence de ce fait, il faut reconnaître que désormais tout esprit national est à peu près éteint dans la confédération.

Après que nous fûmes établis dans nos modestes appartements (les hôtels de Vevay ne sont pas magnifiques), nous nous fîmes conduire à la maison de Ludlow, l'un des juges de Charles Ier. Elle n'avait plus rien de remarquable que ses fenêtres surchargées de barreaux de fer ; on avait récemment enlevé les grilles qui l'entouraient et en défendaient l'approche. Tant de soins avaient été pris autrefois, par les magistrats du canton, pour garantir les jours d'un homme taché du sang d'un roi captif. Il est vrai que les républicains n'y regardent pas de si près pour les têtes couronnées, il leur suffisait que Ludlow se fût confié à leur générosité.

La vue de cette chétive habitation déroula néanmoins sous nos yeux les époques les plus mémorables de l'Angleterre et de la France : 1688 et 1830 ; la mort de Charles Ier et l'immolation de Louis XVI ; les malheurs et la restauration des Stuarts ; les malheurs et la restauration des Bourbons, etc. Nous nous prîmes à penser à l'allégresse qui signala le retour de Charles II et celui de Louis XVIII. L'une et l'autre nation se livrèrent à la joie et à l'espérance du retour de la prospérité publique; d'un côté on brisa, on outragea les emblèmes républicains ; en France, tout ce qui tenait à l'empire disparut bientôt, et Napoléon lui-même, qu'on aurait dû respecter dans sa haute infortune, fut conspué dans quelques bourgades méridionales ; mais là s'arrête la parité entre les deux restaurations, elles se séparent dans leur marche pour se réunir encore, à la fin de la course, dans des catastrophes effroyables et identiques. Ainsi en Angleterre le premier acte du parlement fut le procès, la condamnation et l'exécution des régicides, malgré la déclaration solennelle de Breda qui promettait un pardon général. Si cette déclaration ne fut pas un leurre odieux, elle devait atteindre plus particulièrement ceux des juges qui n'avaient pas voulu fuir, elle devait garantir surtout l'avocat-général et les officiers qui gardèrent le roi sans émettre de vote, mais eux comme les autres furent décapités et traînés sur la claie au lieu de supplice. Les contumaces poursuivis en pays étrangers par des assassins aux gages de l'Angleterre et de Henriette d'Orléans, sœur de Charles II (1), ne savaient où reposer leur tête. La haine alla plus loin encore, Cromwell, Ireton, Bradshaw furent arrachés de leurs tombeaux, et leurs cadavres pendus et décapités. Ces horreurs révoltèrent enfin le roi, qui dit à son chancelier : *Je suis las de pendre* (2). Plus tard cependant, quand

(1) Ludlow, dans ses mémoires, raconte ainsi la mort de M. Lisle, son compagnon et son complice, assassiné dans le cimetière de Lausanne : le jeudi 11 août 1664, un M. Lougeon me porta la triste nouvelle que ce matin là même, M. Lisle allant entendre le sermon à une église située près d'une des portes de la ville, avait été tué d'un coup de carabine par un homme à pied ; qu'un autre homme à cheval attendait celui-ci avec un cheval de main, que le meurtrier avait monté le cheval et crié *vive le roi !* et qu'ensuite ils s'étaient mis à galoper l'un et l'autre vers Morges..... Son assassin l'avait attendu dans la boutique d'un barbier, où il était entré sous prétexte qu'il avait besoin de quelque chose pour ses dents , et lorsqu'il vit venir M. Lisle, il sortit de la boutique et le salua à son passage, ensuite il marcha doucement après lui jusqu'à la place de l'église, et là prenant une carabine qu'il portait sous son manteau, il lui en tira un coup dans le dos : l'effort du coup fit sauter le chapeau de ce misérable, lui-même fut renversé sur une pièce de bois et laissa échapper sa carabine qu'il ne s'arrêta pas à relever ; mais aussitôt qu'il fut remis de sa secousse, il courut vers son compagnon, monta à cheval et prit la fuite.... Le gouvernement de Lausanne mit si peu de vigueur à poursuivre les assassins , qu'on soupçonna qu'ils y avaient quelques amis.

LUDLOW, t. III, p. 353.

(2) Lingard.

en 1664 la guerre fut déclarée à la Hollande , ce fut bien moins pour quelques avanies faites au commerce anglais, que par vengeance de l'hospitalité accordée en Hollande aux régicides (1).

Quand les échafauds furent saturés de sang, les deux chambres autorisèrent ou fermèrent les yeux sur les violences par lesquelles les royalistes se rèmettaient en possession des biens vendus par eux à *des acquéreurs de bonne foi.*

En France, les choses suivirent un autre cours : après la trahison des cent jours et en vertu d'une loi, les régicides relaps furent exilés sans qu'aucun lieu leur fût particulièrement assigné ; on toléra même le séjour de ceux que l'âge ou des infirmités rendaient impotents ; quelques années après, sous le ministère de M. de Villèle, il leur fut loisible de rentrer en France, et avant cela l'on avait vu l'un d'eux , Fouché, faire partie des conseils du roi. Les biens des régicides ne furent pas confisqués, on alla même, pour flatter et rassurer la révolution, jusqu'à la conception de l'article 9 de la charte octroyée, où la première partie, relative à l'inviolabilité des propriétés, forme un non sens avec la seconde. Il est décourageant de penser que tant de douceur et de bonté ne fit que des ingrats et des traîtres , et vint aboutir à une fin aussi funeste que la cruelle sévérité de Charles II.

(1) Augustin Thierry.

Un habitant d'une maison voisine de celle de Ludlow nous avait obligeamment accompagnés; il prit part à notre conversation; il sut lui donner un tour intéressant, à ma grande surprise je l'avoue, car je l'avais pris pour un solliciteur de Batz. Il n'est pas rare, en Suisse, de trouver beaucoup de mérite sous l'enveloppe la plus grossière. Nous ne rentrâmes à l'hôtel que que pour l'heure aristocratique du second dîner (cinq heures; on sert un premier dîner à une heure, ce qui est réputé moins bon genre), nous remîmes en conséquence au lendemain la promenade assez vantée du mont Chardonne.

III.

FRIBOURG. — UN ENTERREMENT.

> « Que de dangers menacent une tête chérie !
> » il n'y a pas un beau jour qui ne puisse recéler
> » la foudre; pas une fleur dont les sucs ne puissent
> » être empoisonnés; pas un souffle de l'air qui
> » ne puisse apporter avec lui une contagion
> » funeste. »   STAEL.

Les habitudes sont douces et peu coûteuses à Genève; cet hôtel des Bergues où je logeais, le plus beau peut-être de l'Europe, n'est pas plus cher que beaucoup d'autres. Le dîner, les appartements y sont confortables, et comme on a coutume de dire, à la portée des fortunes médiocres ; il faut être sobre, par exemple, de verres d'eau sucrée, d'infusions et de toute espèce d'apozèmes : c'est sur les caprices et indispositions des voyageurs que se font les plus grands bénéfices.

En me rendant à Fribourg, je repris le bateau à vapeur jusqu'à Vevay ; on ne se lasse pas de ces délicieuses promenades sur le lac. A Vevay je louai une voiture, mais je conseille de monter la côte à pied ; il faut avoir soin de se retourner souvent, et s'arrêter au point culminant pour contempler le Mont-Blanc et les belles montagnes du Valais et de la Savoie ; la vue se repose agréablement sur le Léman, et à vos pieds mêmes, sur des escarpements fort raides, couverts d'une végétation vigoureuse qui, en descendant vers la vallée de la Veyse, lui prêtent un charme particulier.

La première chose qui frappe les voyageurs en entrant dans le canton de Fribourg, c'est la coiffure désolante des fribourgeoises. Elles tressent avec leurs cheveux une masse énorme d'étoupes, et font avec cet horrible mélange une couronne sur le devant de la tête ; figurez-vous une jeune fille, déshonorant ainsi ses beaux cheveux, cette parure si vraie, si naturelle, ou bien une vieille femme, surchargeant son front chauve d'une prodigieuse quantité de chanvre sale et mal peigné ; c'est , je vous assure, quelque chose de hideux. Pour le travail des champs, les paysannes font usage d'un large chapeau noir et d'un tablier blanc, assez semblable à celui de nos valets de chambre ; ce costume ne manque pas de grâce et ajoute encore à leur beauté renommée.

Fribourg est certainement la ville la plus montueuse qui existe. Vous ne pouvez marcher cinq minutes sans monter ou descendre, et quelquefois les descentes sont si escarpées, qu'il a fallu construire des escaliers pour les rendre praticables. Lés premiers pas des voyageurs étaient jadis pour le collége, les églises , le fameux tilleul des jours glorieux de Morat, l'ermitage de la Magdelaine, travail inouï, fabuleux même, de deux solitaires ; les gourmands couraient aussi visiter la jolie vallée de Gruyère, où se fabriquent les meilleurs fromages de ce nom , et par suite les fondues exquises, tant vantées par Brillat-Savarin. Aujourd'hui ces curiosités sont déchues, semblables à des beautés sur le retour, on n'est plus que poli pour elles ; l'ardeur, l'empressement sont pour la merveille du jour, pour le pont nouveau, ouvrage fantastique d'un ingénieur français. Nous étions au 15 juillet, la saison des voyages commençait à peine, et déjà 40,000 curieux étaient venus le visiter. Mon patriotisme fut doucement caressé quand j'entendis l'un des gardiens, dire à plusieurs spectateurs anglais et allemands : « Ce pont incomparable

» est l'œuvre d'un français, M. Charlet; il a été exé-
» cuté d'après ses plans et sous sa surveillance ;
» visitez-le, Messieurs, vous lui trouverez 850 pieds
» de long, 50 de large et 570 d'élévation au-dessus
» de la Sarrine. Pour soutenir cette masse énorme,
» il y a seulement de chaque côté 163 attaches en
» baguettes de fil de fer tordues ensemble ; chaque
» support a 8 lignes de diamètre ; l'imagination peut
» à peine concevoir un tour de force aussi prodi-
» gieux. »

Au reste, le gouvernement cantonal sera bientôt
rentré dans les frais de construction dont il a fait l'a-
vance ; il s'est réservé un droit de péage assez élevé,
qu'il perçoit avec rigueur.

Le canton de Fribourg est le plus important des
cantons catholiques : on pourrait même dire que
Fribourg est le siége de la catholicité en Suisse. Ne
soyez pas surpris d'après cela, que les libéraux en
parlent comme du séjour de l'obscurantisme et de l'i-
gnorance. Il n'en est rien ; vous trouverez à Fribourg
un peuple aussi éclairé, aussi industrieux que nulle
part en Suisse ; il est vrai que ce peuple respecte la
religion, que ses mœurs sont pures et qu'il reste de
glace à toutes les excitations révolutionnaires ; mais
ce qui est un crime aux yeux des esprits forts, est
digne de l'estime des hommes d'ordre et de paix.
Cinquante ans de piperies, de mensonges et de promesses toujours déçues, ont fait justice des décla-

mations du libéralisme ; on sait aujourd'hui par de cruelles épreuves que c'est le christianisme et les principes monarchiques qui peuvent seuls donner le bonheur et la liberté. La constitution gouvernementale n'est pas plus ridicule ou plus illibérale à Fribourg que dans les autres cantons : c'est d'abord un grand conseil qui nomme un petit conseil pris dans son sein, lequel nomme à son tour le tribunal et le conseil d'état. Mais comme dans cette hiérarchie le point de départ n'est pas au contribuable le moins imposé, et qu'on n'est électeur qu'en payant une somme assez forte, il est évident qu'il n'y a en Suisse, même dans les cantons *démocratiques*, qu'une fiction de liberté. L'acte de médiation avait à peu près posé les véritables principes, mais la constitution de 1814 les a renversés. Il y a à Fribourg un tribunal de bonnes mœurs, chargé de surveiller spécialement la conduite des fonctionnaires publics. Je ne suis pas partisan d'un tel établissement qui, à moins de choix toujours heureux, peut tourner à l'inquisition, et cependant si Paris avait un tribunal de ce genre, sans doute la France n'aurait pas eu le scandale de l'orgie de Grand-Vaux, et d'un ministre dépositaire des fonds secrets tenant brelan dans son hôtel. Il est remarquable que c'est dans les pays où les institutions républicaines ne sont pas, comme en France, une honteuse mystification, qu'on trouve de ces lois et de ces réglements excentriques qui nous paraîtraient à nous une monstrueuse violation du droit des gens ou de la liberté individuelle. Ainsi, en outre de l'exemple que je viens de citer, il y a en Amérique une loi qui ordonne d'afficher dans les tavernes les noms des ivrognes, et les cabaretiers convaincus de leur avoir donné à boire, sont passibles d'une amende considérable.

Depping, dans son humeur anti-cléricale, va jusqu'à représenter les fribourgeois comme un peuple triste et maussade : c'est une erreur fondée sur les ordonnances qui limitent l'heure de la danse ; les fribourgeois sont gais au contraire et se sont fait une espèce de réputation par leurs chansons simples et naïves. Il ne rend pas plus de justice. aux beautés pittoresques des environs de Fribourg. La chaine des monts Gruyères est remarquablement belle, couverte de bois, de cultures diverses, de pâturages délicieux ; elle nourrit les plus grandes vaches de la Suisse. Les villages y sont peuplés d'hommes de haute taille, et de femmes d'une beauté traditionnelle. Sur cette branche des Alpes, la nature déploie de magnifiques spectacles, la pensée s'y élève et l'âme reçoit de douces inspirations. Vues de ces hauteurs, les faiblesses de l'humanité, les erreurs de nos semblables nous trouvent plus disposés à l'indulgence qu'à la sévérité. Pour moi, si le sort m'avait permis de vivre selon mes goûts,

Me si fata meis paterentur ducere vitam
Auspiciis,

je choisirais quelque retraite dans ces montagnes,
sans me soucier beaucoup de rencontrer des mœurs,
des habitudes et des usages différents des miens.
« Quand j'ay esté ailleurs qu'en France, et que, pour
» me faire courtoisie, on m'a demandé si je voulais
» estre servy à la françoise, je m'en suis mocqué, et
» me suis toujours jecté aux tables les plus espesses
» d'étrangiers. J'ai honte de voir nos hommes eny-
» vrez de cette sotte humeur, de s'effaroucher des
» formes contraires aux leurs : il leur semble estre
» hors de leur élément, quand ils sont hors de leur
» village, etc. (1). »

Pendant mon séjour à Fribourg, je fus témoin
d'un sévère et mélancolique spectacle. Une fille unique
de 17 ans venait de succomber à une affection de
poitrine. On la portait à sa dernière demeure ; à
peine entrée dans la vie, elle cessait d'être la joie et
l'espérance de ses parents ; ces infortunés, malgré
l'usage, suivaient le convoi funèbre. Les jeunes filles
amies de la vierge défunte, accompagnaient aussi le
triste cortége, la tête enveloppée d'un drap blanc re-
tombant sur leurs vêtements de deuil ; seules elles
troublaient les prières des prêtres par des sanglots
déchirants. Sans apprêt, sans désespoir affecté, point
de pleurs à gages, là tout était vrai, et les souvenirs
bienveillants et les pensées d'un ordre plus élevé. Ne

(1) Montaigne.

suffisait-il pas, pour serrer cruellement le cœur, de songer à cette vie si précieuse et si tôt brisée? N'était-ce pas rappeler que la mort menace incessamment nos enfants, sans que leur âge, leur innocence, notre amour pour eux puissent les garantir? Et parmi ces jeunes filles, n'y en avait-il pas qui recélassent dans leur sein, le germe de la terrible maladie dont leur compagne venait de mourir? Cette maladie n'est-elle pas en effet celle qui trompe le mieux les regards de la passion et de l'amitié? « Une » voix brillante et tendre s'échappe des poumons de » la malade, son sein est soulevé par l'effervescence » du désir, ses rêves brûlent, son sang animé teint » ses joues d'incarnat, ses yeux étincellent d'un re- » gard pénétrant, et jusqu'à l'heure suprème un » charme céleste est répandu sur ses traits. A l'as- » pect de cette jeune vierge qui brûle, espère, suc- » combe, j'ai cru voir sur la pierre des sépulcres un » de ces beaux vases d'albâtre transparent, où » veillent les dernières lueurs d'une lampe soli- » taire (1). » Je suivis le cortége jusqu'au cimetière. Les tombes parées des fleurs les plus fraîches semblaient sourire et dire qu'elles seules donnent le bonheur. La pauvre mère, qui jusque-là avait soupiré amèrement, ne s'inspira pas de cette consolante réflexion, elle ne chercha pas dans le ciel

(1) *L'Italie* (Mme de Staël).

la douce figure de sa fille, et au retentissement lu-
gubre de la première pelletée de terre, elle tomba
comme tombe un corps sans vie. A la vue d'un si lamentable tableau, je me retirai précipitamment le
cœur plein de larmes.

IV.

LAUSANNE, LADY CANNING, CHILLON.

Les bords du Léman sont à la Suisse, ce que sont
à la France les bords de la Loire, depuis Amboise
jusqu'à Nantes et Paimbœuf. Rien n'est plus gracieux,
plus varié, plus enchanteur que les paysages du lac
de Genève; au milieu de cette féerie, Lausanne se fait
encore remarquer par sa situation pittoresque sur
trois collines sur la rive du lac, par ses jardins, sa
promenade neuve et celle de Montbenon, d'où l'on
découvre les Alpes du premier et second plan.

Les rues de Lausanne sont étroites, sinueuses,
escarpées; nous fûmes frappés en entrant de l'air de
fête de la ville; la foule se pressait de toutes parts,
et les étrangers, aussi nombreux que les Suisses,
variaient les costumes d'une manière piquante. Lausanne passe en Angleterre pour un pays de Jouvence
et les médecins de la Grande-Bretagne y adressent

les malades pour lesquels les prescriptions hippocra-
tiques sont devenues inutiles. Ainsi font nos Dupuy-
tren, nos Gervais, nos Dubois, et même les infaillibles homéopathes avec leurs malades de Paris, ils
les envoient mourir à Saint-Germain pour abriter
l'honneur de la Faculté.

Notre première visite fut à la cathédrale, d'un
style gothique fort curieux ; inaugurée au 13e siècle
par Grégoire X, elle fut livrée au culte protestant
lors de la réforme. Les tombeaux des évêques catholiques s'y trouvent pêle-mêle avec ceux de quelques
étrangers de distinction ; parmi les derniers on remarque les mausolées du comte de Darmouth, de la
duchesse de Courlande, de la comtesse Orloff et de
lady Canning, qui est morte à Lausanne en 1817.
D'après les souvenirs que j'ai pu recueillir, c'était
une jeune femme à peine âgée de 20 ans, du caractère le plus aimable ; elle s'occupait de peinture, étu-
diait les langues étrangères avec succès, son esprit
était cultivé ; sa figure, sans être régulièrement belle,
était pleine de charmes ; ses beaux cheveux étaient
blonds, ses yeux bleus, son teint pâle, sa peau d'une
blancheur éblouissante, et dans tous ses traits il y
avait l'expression de cette douce mélancolie, de cette
tristesse pensive, de ce besoin de protection, qui est
pour les hommes énergiques, pour les âmes vigou-
reusement trempées, le charme le plus séducteur.
Mais ce qui achevait d'en faire un objet irrésistible,

c'était un regard doux, indéterminé, errant çà et là
à la recherche de la création que ses rêves avaient
enfantée ; on eût dit une tête vaporeuse d'Ossian,
une esquisse de Raphaël, un cygne de Shakespeare.
Canova fut chargé de perpétuer les regrets d'un époux
peu digne d'elle, dans un mausolée en marbre de
Paros, envoyé de Rome sous la forme d'une urne fu-
néraire. Le talent du célèbre statuaire s'exerça surtout à reproduire, sur le premier hémicycle du vase
funèbre, l'image de lady Canning. Cette figure, à ce
qu'on assure fort ressemblante, a quelque chose de
divin, d'aérien ; l'épitaphe au-dessous du socle est
simple et n'a rien de l'emphase hyperbolique de ces
sortes d'inscriptions :

Henrichettæ

Conjugi dulcissimæ,

Quam indole ac formâ pariter, amabilem

Florentem juventute, quantûmque licet mortalibus felicem.

Nec ideò minùs cœlo naturam, si quid innocentia possit

et ingenua erga Deum pietas ;

Contracta puerperio febre

Mors, Eheu ! non decimo post connubia mensa

Succidit hoc in loco.

Ubi carra ossa sancta quiescunt

Amoris simul et luctus monumentum statuit

Stratford Canning,

Legatus apud Helvetios Britannicus (1).

(1). En voici la traduction littérale :

A Henriette,

Epouse chérie,

Voltaire a dit :

> Toujours un peu de vérité
> Se mêle au plus grossier mensonge.

Cet aphorisme ne trouva pas ici d'application, et Stratford, cet époux tendre, inconsolable, fidèle, se remaria avant même que le monument eût pris place parmi les tombes du temple de Lausanne.

Puisque j'ai parlé des évêques catholiques, je veux dire que les statues de plusieurs de ces lumières de l'Eglise étaient là dans l'antique cathédrale, soutenant le théâtre où devaient se passer les examens des ministres de la foi réformée. Singulière destinée ! à ce vil métier elles avaient été horriblement mutilées. Je le fis remarquer à mon *cicerone*, qui me répondit par ce sourire malin dont les Suisses sont prodigues quand il s'agit des curiosités de leur pays. Ce sourire pouvait s'interpréter ainsi : Ces statues sont usées,

Laquelle, d'un caractère qui ne le cédait en rien à sa beauté,
Brillait de jeunesse et était aussi heureuse qu'il est permis à une mortelle.
Elle n'en méritait pas moins déjà de monter au ciel,
Si l'innocence et la piété peuvent avoir quelque mérite devant Dieu ;
Quand, une fièvre ayant été contractée dans ses couches,
La mort, hélas ! vint la frapper
Le dixième mois à peine après son mariage.
Dans cet endroit où ses restes chers et sacrés reposent,
Stratford Canning,
Ambassadeur de la Grande-Bretagne chez les Suisses,
Lui éleva ce monument d'amour et de douleur.

elles ont fait leur temps, l'année prochaine on en aura d'autres pour les voyageurs : les Suisses ont perdu leur vieille bonhomie, et leur fierté républicaine s'est faite industrielle à l'exemple de l'Europe entière. Cet incident me remit en mémoire qu'au Val-Travers, à une lieue environ de Neufchâtel, dans un endroit où la largeur de la route sépare seule d'énormes montagnes, on me fit voir une grosse chaîne scellée dans le roc. Or, voici la belle histoire qu'on raconte à ce sujet : Les Suisses, attaqués à l'improviste par le duc de Bourgogne, imaginèrent de barrer la route par la susdite chaîne, et d'en confier la défense à quelques arquebusiers ; son effet fut efficace, le téméraire ne put briser l'obstacle, et forcé de retourner sur ses pas, il gagna Concise et enfin Grandson où le 3 mars 1476, il livra la bataille de ce nom contre toutes les bannières qui avaient eu le temps de se réunir. Ainsi cette chaîne fameuse avait plusieurs siècles, et quand je la vis elle était cependant polie, brillante, comme si elle fût sortie la veille des mains de l'ouvrier. Au reste, aucun auteur ne mentionne ce fait intéressant, et il est bien permis de le croire de fabrique helvétique.

En quittant la cathédrale, je me dirigeai vers la table d'hôte de l'excellent hôtel du Faucon, j'eus le bonheur d'être placé près d'un Genevois qui, ayant servi en France, se croyait obligé de rendre aux Français les politesses qu'autrefois il en avait reçues.

J'appris de lui qu'il était attaché à la rédaction du *Fantasque,* journal littéraire qui s'imprime à Genève, et sur ma demande s'il était auteur de quelque ouvrage de longue haleine, il me fit cette curieuse réponse : Non, et Dieu me garde de commettre de sitôt un pareil délit. Je suis trop obscur encore, et ceux qui consentent à lire à nos risques et périls un article de journal parce qu'il est court, reculeraient devant la lecture de l'ouvrage obèse d'un auteur inconnu. Et d'ailleurs qui aime aujourd'hui à se distraire longuement de ses intérêts privés ? Est-ce le négociant, le militaire, le rentier, le cultivateur ? Non, personne ne veut de l'érudition d'un in-8° ; l'on préfère les comptes-rendus qui donnent la science en quelques lignes et où l'instruction se digère avec facilité. Voyez les bibliothèques, vous n'y trouverez pas un ouvrage de fonds ; ce sont les résumés, les manuels qui surchargent les rayons et ont les honneurs des reliures à la Bradel. Pour conclure, personne ne se hasardera à lire un volume s'il n'est signé d'un nom connu, et pour se faire connaître, il faut d'abord travailler à une feuille périodique ; un journal est le refuge du débutant, c'est l'école où il doit former son style avant de paraître dans le monde affublé d'un grand format. Croyez-moi, si MM. de Genoude, Lourdoueix, Etienne, Michaud, etc., ne s'étaient d'abord fait connaître par leur participation à la *Gazette,* à la *Quotidienne,* aux *Débats,* ils n'eussent pas trouvé un lecteur pour leurs œuvres complètes. »

Sous les auspices de mon *nouvel ami*, je fus présenté et bien accueilli au *casino* de Lausanne ; ces sortes de réunions ont en Suisse le même aspect et le même but qu'en France, seulement les discussions politiques n'y sont point interdites. Là, comme chez nous, les maris viennent y secouer le joug marital, et les jeunes gens perdre le goût et la réserve de la bonne compagnie. Un cercle toujours composé des mêmes personnes pour l'ordinaire, se plaçant aux mêmes places, ne ressemble pas mal à une collection de portraits de famille. Les habitués des cercles deviennent entr'eux d'une grande familiarité, et ils cessent d'apporter dans le monde les égards et les procédés qui en sont l'agrément. On peut dire que les cercles sont destructifs du bon ton. Je suis surpris que lord Chesterfield ne les ait point anathématisés dans ses lettres à son fils, lui si sévère quand il s'agit de *good manners and good breeding.*

Je quittai Lausanne le lendemain, et par la voie du bateau à vapeur je me rendis à Chillon. Le château de Chillon, bâti en 1250, a été dessiné sous toutes ses faces, soit à cause de son intérêt historique, soit à cause de sa position amphibie sur les bords du Léman, qui baigne sa face occidentale et plonge les souterrains de ce côté du donjon bien au-dessous de ses eaux.

Les comtes de Savoie, possesseurs de la presque totalité de la rive méridionale du lac, possesseurs de Thonon, d'Evian, désiraient ardemment la conquête de Genève, seul obstacle sérieux à leurs affaires de transit avec la France et l'Allemagne. Après des chances diverses Genève succomba enfin au commencement du 15e siècle. Dès les premières années du siècle suivant, son esprit d'indépendance se ranima à l'exemple des petits cantons qui venaient de secouer le joug impérial. Genève ne put cependant se débarrasser du pesant protectorat de la Savoie qu'en s'alliant avec Henri III, dont l'intérêt pressant était d'arrêter le développement trop considérable du duché de Savoie. Toutefois, vers 1582, Henri III ayant été forcé de retirer du marquisat de Saluces 3,000 hommes, commandés par Nicolas de Harlay, les Genevois et les Bernois restèrent seuls exposés aux coups de Charles-Emmanuel Ier. Pendant la longue période de guerre qui désola le pays, Genève qui, en définitive, fut sauvée par le courage patriotique de ses habitants, tomba au pouvoir de 500 cavaliers du duc. Dans cette affaire, Bonivard, prieur de Saint-Victor situé aux portes de la ville, fut fait prisonnier. C'était un homme d'un mérite supérieur et d'une grande influence sur l'esprit de ses concitoyens. On l'enferma, en 1530, dans la forteresse de Chillon, devenue la prison d'état des ducs de Savoie ; il n'en sortit qu'en 1536, délivré par des troupes genevoises·

Son corps était étreint par une lourde chaîne fixée par l'autre extrémité à l'un des piliers du caveau ; Bonivard ne put pendant sa captivité se mouvoir que suivant la longueur exiguë de cette chaîne. Tout ce que l'on a dit, tout ce qui sera dit encore sur l'inhumanité d'un traitement si affreux, n'égalera jamais le sentiment de profonde tristesse qu'inspirent ces murs ruisselant d'une eau verdâtre, cet énorme pilier et l'anneau de fer, seuls témoins des souffrances de la victime. Le cœur se serre à la vue des détails de cet affreux séjour. Le pavé, frappé pendant six ans du monotone retour des pas de Bonivard, en a conservé l'immortelle empreinte ; dans le fond du cachot est un gibet solide, bien conservé et paraissant avoir fonctionné la veille ; enfin à fleur de sol se trouve une lucarne, la seule lumière de ces sombres lieux, et qui en aurait été la Providence si elle n'avait servi à jeter les condamnés en pâture aux poissons du lac ; sa large bouche toute hérissée de fer semble crier : Laissez passer la justice des ducs de Savoie.

Il faut lire dans le souterrain même les beaux vers du poëme de Byron :

> *My hair is gray, but non with years,*
> *Nor grew it white*
> *In a single night ,*
> *As men's have grown from sudden fears, etc. (1).*

(1) Mes cheveux sont gris, non par le fait des années ;
   Ils ont blanchi,
   Non dans une seule nuit,
Comme chez plusieurs hommes, par l'effet d'une frayeur soudaine, etc.

Les colonnes qui soutiennent la voûte du cachot sont surchargées de noms ; ils appartiennent sans doute à de fervents amis de la liberté ; ils sont venus, par leur présence en ces lieux, protester contre les atrocités commises sur la personne du prieur de St-Victor. Toutefois le seul qui brille d'un véritable éclat est celui de Byron, gravé par lui même en 1816. Quelques années plus tard, Madame la duchesse de Berri, visitant Chambord, grava également son nom sur les murs de l'antique château du maréchal de Saxe. Le concierge du vieux manoir fit enfermer l'auguste inscription dans un coffre en bronze, et ne l'offrit plus aux regards des curieux que moyennant une légère rétribution. Il est surprenant qu'en Suisse où l'industrie de ce genre a été portée jusqu'à la perfection, le nom de Byron n'ait pas subi la destinée de celui de la noble mère du duc de Bordeaux. Mais patience, peut-être même la chose est-elle faite maintenant.

SOUVENIRS D'UN OFFICIER.

EXTRAITS.

En 1820, le ministre de la guerre jugea à propos de m'envoyer de la 6ᵉ division militaire dans la 4ᵉ, c'est-à-dire de Besançon à Tours.

Il faut bien le redire aux républicains et aux partisans de la branche cadette, sous la Restauration, par la seule présence de la légitimité, la confiance dans l'avenir était entière, et, malgré les conspirations, enfantées par la cupidité ou une haine aveugle, la prospérité fut immense ; les étrangers, certains de jouir, dans une douce tranquillité, des sciences, des arts et des plaisirs de la France, accouraient en foule nombreuse ; Paris, le Havre, Moulins, Dijon, Marseille servaient de quartiers généraux aux bandes cosmopolites, mais c'est à Tours principalement que s'abattaient les oisifs, les riches voluptueux, les blessés de tous les régimes et de toutes les opinions.

Un ciel pur, un fortuné climat, un beau fleuve, la terre couverte à la fois de monuments historiques et des richesses d'une végétation luxuriante, mais avant tout la mollesse des habitants, leur athéisme politique, qui, dans une lutte solennelle, les avait laissés indifférents aux échecs de la République et aux triomphes de l'armée vendéenne, tout cela motivait la préférence que des hommes, fatigués d'intrigues ou d'émotions, donnaient à la Touraine sur tous les pays de L'Europe.

A l'époque dont je parle, il y avait à Tours des Allemands du nord et du midi, de Dresde et de Munich; on coudoyait les princes russes, les comtes italiens, les nobles espagnols ; les Anglais étaient réunis par milliers, depuis l'épicier enrichi jusqu'au lord en déconfiture ; ceux qui faisaient la moins grande figure étaient les Français. Tours avait cessé d'être France, c'était une colonie, moins encore, une hôtellerie dont des étrangers avaient pris possession ; ils vivaient là comme dans un pays de conquête ; ils avaient imposé leurs goûts, leurs habitudes, leurs caprices. On ne se couchait plus la nuit, on dormait le jour ; la charmante veuve du général L... menait cette étrange vie, et neuf heures du soir étaient encore une heure indiscrète pour se présenter chez elle ; on déjeunait de grand matin, et il avait fallu substituer au vin généreux de Saint-Avertin, le thé, cette horrible infusion médicinale ; j'ai vu des Russes se promener dans la rue Royale en robe de chambre, et des Anglais monter à cheval en pantoufles, sans que la population française s'indignât du mépris qu'on faisait d'elle ; l'argent mis en circulation l'aveuglait sur les moyens de l'acquérir.

La plupart des maisons de campagne appartenaient, par location, à des étrangers ; le propriétaire, afin de pouvoir rester à la hauteur du luxe de la ville, abandonnait, à des prix fabuleux par leur élévation, les jardins, les bois qui faisaient la santé et la joie de sa famille. On jouait un jeu enragé dans des cercles qui s'étaient baptisés eux-mêmes avec plus de justesse que d'élégance : Les *Grandes Ganaches*, les *Petites Ganaches*; la chasse, imposée par des gentilshommes irlandais, était une passion, et on courait le renard avec fureur. Il était du meilleur ton de boire beaucoup de clairet, et de renvoyer les dames au dessert, afin de porter les toasts britanniques.

Un tel abandon de soi-même, un tel manque de dignité avaient singulièrement abaissé le niveau des esprits ; Tours revenait aux jours de barbarie, aux jours de l'enfance des peuples ; on ne connaissait des arts libéraux, de la littérature, que ce qui s'apprend sans peine et se pratique sans fatigue ; la géométrie n'avait pas de partisans ; la peinture d'histoire était inconnue; si on eût parlé de David, de Gros, de Girodet, ces gloires de l'école française, un Tourangeau eût pu les prendre pour des pions du collége municipal. Par compensation, on tenait en grande estime les brosseurs de fleurs sur velours par des procédés mécaniques, et les sympathies étaient très-vives pour la miniature, pour ce petit genre illustré par Isabey et son élève Menuisier, notre aimable compatriote.

On se précipitait au théâtre pour entendre chanter le vaudeville et l'opéra, ou pour s'extasier sur les lazzis des émules de Brunet ; mais la salle restait vide, si les rois et les reines de l'empire de Melpomène s'avançaient sur la scène ; Agamemnon, Athalie, Cinna, Zaïre, Phèdre, Cléopâtre, Hermione, étaient trouvés souverainement ennuyeux ; l'habitant de Tours, amateur de malice et de gaîté, ne comprenait rien aux grands transports de l'âme qui excitent le dévouement, la vengeance, la haine, les soupirs et les larmes ; pour lui, les brillantes conceptions du génie, les merveilles des arts enchanteurs étaient sans valeur et ne provoquaient pas l'enthousiasme.

Dans une ville ainsi faite, dans cette moderne Capoue, il n'y avait pas de place, on le comprend, pour les hommes graves, pour les créatures de Dieu voulant vivre de la vie intellectuelle ; mais pour de jeunes officiers, pour des étourdis, c'était un lieu de délices, et les régiments estimaient alors comme une faveur de tenir garnison dans cette terre promise.

A mon arrivée, je fus, comme tous mes camarades, recherché, fêté avec le joyeux abandon de la jeunesse, alors que l'intérêt ne règle pas encore les actions. Je m'abandonnai sans hésiter à un tourbillon de plaisirs nouveaux ; la folie, les vices aimables m'environnaient, **et** leur séduisante douceur m'eût perdu sans ressource, si un bruit d'abord lointain , bientôt plus rapproché, n'eût attiré mon attention. Ce bruit était celui qui se faisait autour de miss Juliana C...., fille de lord M. Si j'osais emprunter à Saint-François de Salles une de ses naïves expressions, je dirais que Juliana était une belle jeune fille plus reluisante que le soleil. Comment peindre en effet les rayons lumineux dont étincelaient ses yeux ? Comment peindre son sourire d'une grâce ineffable et son front où brillaient à la fois le calme le plus pur et la plus haute intelligence ? Supérieure aux autres femmes , elle l'emportait sur elles bien plus encore par l'élévation de son esprit ; elle parlait correctement l'Italien et le Français ; nos auteurs lui étaient familiers ; musicienne consommée, sa voix vibrante et mélodieuse aspirait au ciel. Le général A.... cet espagnol spirituel et frivole, oubliait auprès d'elle la condamnation à mort qui pesait sur lui et la guerre civile qui menaçait sa patrie. Dans son langage apocalyptique il comparait Juliana, cette rare beauté , à un glaive à deux tranchants n'épargnant ni la vieillesse ni l'enfance.

Cette fleur de l'Angleterre se montrait rarement dans les salons, mais chaque fois son apparition était le signal d'une émotion profonde. Subjugué comme les autres, je m'attachai au char de la céleste miss, et je fus assez heureux pour être présenté à son

père. Je hais la fadeur : le lecteur n'a donc pas à re-
douter l'idylle de mes amours ; il saura seulement
que je goûtai toutes les joies qu'inspirent la préférence d'une femme et le dépit des rivaux. Juliana,
répondant à mes sentiments, m'engagea sa foi et sa
main pour le jour où je serais capitaine.

La Restauration entreprenait alors, malgré le mauvais vouloir de l'Angleterre, la tâche profondément
politique de rétablir sur son trône le triste Ferdi-
nand VII. Je volai en Catalogne et un an après, je
rentrai à ma garnison, décoré des bienheurenses
épaulettes ; ma fiancée parut contente de mon retour,
et disposée à tenir sa promesse.

Dans le même temps, j'eus occasion d'écrire à
Barcelone au capitaine B...., que j'avais connu à
Tours, pour lui demander un léger service ; ce capitaine avait été un adorateur sérieux de la belle Juliana ; je l'ignorais complètement ; il prêta donc l'o-
reille aux méchants conseils d'une vanité blessée, et
répondit à ma lettre en termes désobligeants. Suivant
l'usage je chargeai le prochain courrier de porter à
ce mauvais camarade les impertinences les plus cava-
lières : *Abi quo libuerit !* elles eurent leurs conséquences naturelles. B... me fit savoir qu'il avait un
congé de trois mois, que j'eusse à l'attendre à Tours,
que je périrais de sa main, etc. En vérité, mon âme
n'était pas timide et j'étais à l'âge heureux où les
dangers sont des plaisirs; mais, dans la circonstance,

ce cartel renfermait mille douleurs. Précipiterais-je mon mariage de façon que si le sort des armes m'était funeste, Julianna devînt veuve en quelque sorte avant d'avoir été mariée ? ou bien, sous divers prétextes, différerais-je la cérémonie jusqu'à l'issue du combat ? Je me décidai pour ce dernier parti.

J'attendais avec impatience depuis un mois passé, quand on m'avisa que B... était à Toulouse, s'exerçant du matin au soir au tir du pistolet ; que, de là, il se rendrait à Bordeaux pour de nouvelles leçons ; qu'avec une indiscrétion compromettante pour son sang-froid et sa bravoure, il avait mis la garnison entière dans la confidence de ses projets de vengeance ; qu'enfin le ministre de la guerre avait dû en être instruit.

Ces renseignements se trouvèrent exacts ; M. de B. passa un mois à Bordeaux et il devint d'une telle habileté au pistolet que dans un hôtel de la rue du Chapeau-Rouge, on montra pendant longtemps un dix de trèfle dont, à vingt-cinq pas, et en dix coups, il avait enlevé les dix mouches. Parvenu à ce degré de certitude matérielle, il m'annonça sa prochaine arrivée, mais au même moment le général D... commandant la 4e division, reçut l'ordre de faire arrêter M. de B... à son débotté, de le garder à vue, et, dès le lendemain, de le diriger sur Barcelone sous la surveillance d'un gendarme.

Pour parer à ces obstacles, un de mes amis alla

chaque jour au relai de la malle, et lorsque M. de B... parut il l'invita à descendre en lui expliquant la situation. Un exprès me fut expédié, et peu d'heures après, quatre officiers de dragons et moi nous arrivâmes au parc de Gramont ; le jour était alors sur son déclin. Les témoins jugeant le capitaine B... le premier auteur des provocations voulaient un combat à l'épée, mais il déclara n'y consentir *jamais*. Cet homme avait l'air gauche, une épée dans sa main devait être impuissante comme les traits lancés par le vieux Priam, aussi j'oubliai le mot d'Horace :

Fortuna...........
Nunc mihi, nunc alii benigna ;

Et me piquant d'une imprudente générosité, j'acceptai le duel au pistolet.

Les témoins mesurèrent vingt pas ; une pièce de cinq francs, jetée en l'air, répondit à mon appel ; je tirai le premier, et mon adversaire tomba mortellement blessé. Je courus à lui ; mais lui, m'écartant de la main, me fit signe de reprendre ma place ; puis, étendant ses jambes avec une peine extrême, et s'appuyant sur le coude gauche il parvint à se mettre en équilibre. Après des efforts pénibles, que trahissait une respiration haletante, son pistolet se dirigea enfin vers moi.

A ce moment solennel m'apparut, comme un sombre présage, le sinistre dix de trèfle. Quelle chance de salut pouvais-je avoir ? Quelles pensées qui ne

fussent celles d'une mort certaine ? Je jetai un coup-
d'œil de regret sur la gloire et l'amour que j'avais
rêvés ; j'adressai un souvenir à ma mère et à Julianna ; puis, avec la ferveur d'un homme qui ne compte
plus la vie que par secondes, je recommandai mon
âme au Dieu tout puissant. Sans doute alors mon
cœur cessa de battre ; si d'autres sentiments m'agi-
tèrent, je ne puis les définir, je n'appartenais plus à
la terre. Quand je revins de cette fugitive extase, le
pistolet était toujours là béant devant moi, moins
menaçant cependant que la figure livide et féroce de
B. Peu de personnes, je pense, se sont trouvées à si
triste fête, d'attendre, immobiles, pendant dix minutes, le coup mortel ; mais celles qui ont enduré ce
supplice affreux savent qu'alors les minutes sont des
siècles, que la balle qui briserait la tête serait un
bienfait, et elles comprendront mon exclamation :
Tirez donc, s.c..b...!

— Etes-vous si pressé de mourir ? dit froidement
B... Je suis sûr de mon coup.

Au même instant, quelque chose comme une pointe
aiguë, traversa mon corps ; une lâche et joyeuse cla-
meur arriva à mon oreille, et, m'affaissant sur moi-
même, je perdis connaissance.

Plusieurs mois s'écoulèrent avant que je pusse re-
cevoir sans danger aucune communication ; j'appris
enfin que M. de B... avait succombé, que moi, je ne
devais la vie qu'à un miracle de la Providence et aux

soins affectueux et habiles du célèbre docteur B... ;
qu'enfin j'avais perdu ma fiancée pour toujours.

Julianna, la fidèle Julianna qui, dans les premiers
jours de mon malheur, menaçait

> ...... D'outrager sa belle chevelure,
> De blesser de son front l'ivoire ensanglanté...

Julianna, dont la devise était ces vers empruntés au
poéte de Windsor :

> It was taught me by the tender dove
> To die, and not know a second love (1).

Julianna qui jura, si je succombais en Espagne, de
se jeter dans un couvent et d'y mériter le ciel par le
pénible chemin des regrets et des larmes ; Julianna,
esclave des volontés d'un père, n'attendit même pas
que la parque inflexible lui ravît son amant ou le lui
rendît avec des béquilles, elle s'enfuit à la chapelle
du forgeron de Greatna Green ; là, pour conquérir
une grande fortune et une couronne ducale, elle unit
sa destinée à celle d'un vieux lord, le moins poétique
des hommes.

Il n'y a pas de livre si médiocre, d'histoire si
sotte, dont l'intelligence ne puisse tirer profit ; partout on peut réaliser le charmant apologue de Gilblas,
et toujours le lecteur attentif rencontrera sous la
pierre l'*âme* du licencié Garcia ; j'avoue, toutefois,

______

(1) Il m'a été enseigné par la tendre tourterelle, à mourir et à ne
pas connaître un second amour.

que je me trouve embarrassé pour tirer de ma triste aventure une conclusion morale ; à défaut d'autre, cependant, en voici une que je hasarde , sauf à la rétracter si quelqu'un ou quelqu'une s'en trouve offensé :

« Lorsque l'austère raison, la foi jurée, la vertu
» désintéressée veulent parler au cœur d'une femme,
» il est rare qu'il ne préfère les conseils de la vanité
» ou d'une accommodante philosophie. »

J'avais hâte de quitter Tours ; j'obtins sans peine du ministre la permission de me rendre dans ma famille.

TABLE DES MATIÈRES.

FIN.